DIY/种子 盆栽

种子盆栽达人

绿摩豆 黄照阳◎著

华中科技大学出版社
http://www.hustp.com

中国·武汉

目录

PART 1. 进入种子盆栽的世界

PART 2. 一年四季的种子盆栽

SPRING · 春栽

SUMMER · 夏种

FALL · 秋蒔

WINTER · 冬植

林俊明 ◎大安、淡水社区大学讲师

认识绿摩豆是很刻意的，在四五年前，绿摩豆即是网络第一的种子盆栽玩家，当时"豆豆森林"为了集结更多种子盆栽爱好者的力量，我透过文化大学成人推广部，联系上绿摩豆老师。原本是怀抱着打扰与忐忑的心，生怕会被拒绝或碰软钉子，不料一通电话却让我们变成了好朋友。真的是玩植物的人，个个都是心思纯正的好人。希望本书的出版能吸引更多爱好者加入，让更多人习惯接触植物，进而爱上植物，让绿化与环保从嘴上说说变成绿入人心，这是我衷心的期盼。

张琦雯 ◎大安、淡水、北投社区大学讲师，"豆豆森林"版主

对黄大哥的印象就是，对植物懂很多、个性大方开朗且亲和力十足的人，也是一个忙碌到不行的媒体人，是因为东奔西跑的关系吧！黄大哥对植物的认知与了解真的超强，说实在的，黄大哥不到社区大学来开一门课程，实在太可惜啦！在此推荐这本书，也推荐给各社区大学喔！

张嘉燕 ◎法鼓山社会大学讲师

很开心听到种子玩家中又有人出书了，如此在教学上又有一本书，可以推荐给学生阅读。希望未来有更多讨论种子育苗的书，让种子盆栽的领域能更上一层楼，也借由书的推展，使得种子复育的观念，更快地让更多的人知道，进而引起更多人重视这个环保议题。

丘政华 ◎北投社区大学讲师

从开始接触种子盆栽，被种子发芽深深感动，到自己开始当社大讲师，传承这份感动给学生，发现园艺治疗就在身边，随手可得，每个人都可以借由种植得到开心。希望这本书卖得好，再次引发种子盆栽的热潮，让人人都能轻易上手，让所有人都成为种子盆栽玩家，让绿化的良善从中国的台湾地区开始生根，并蔓延到全世界。

林静芳 ◎泛华国际文教协会秘书

在办学术交流的活动中，首次接触植物复育的课程才了解，原来植物的种子在大自然中，发芽与成长是非常不容易的事情，绿化造林如果是全民共同来做，那复育的脚步是超乎想象的快速，远远大于人类对植物的破坏。所以现今推广种子复育，已经是环境教育上刻不容缓的大事，喜闻照阳兄出书推广，自然是要大大地支持和称赞一下，如能成为复育潮流的开端，本书将成为世纪环境教育的圣典。

曾芳娇 ◎ "芳的家拈花惹草俱乐部"版主

种子兵团蔓延中，因为兴趣而进入专业领域的人愈来愈多，这对改善生活中的空气质量与美化绿化着实产生了很大的效益，也是进行人际交流和亲子互动的很好的沟通桥梁。此次，绿摩豆与照阳兄一起努力耕耘分享嘉惠爱好者，值得我们这些喜爱自然种子的推手学习。由于他们的无私分享让初学者更容易上手，植树造林不是口号，从家开始就可以自然展现绿意！

林久 ◎ 南湖高中老师

偶然机会下接触到种子盆栽，就深深着迷在种植之间。由于觉得是很好的环境教育，就尝试着鼓励学生一起来育苗。本来认为时下的高中生，可能没有耐性把时间花在长期培育植物上，结果学生们不但种出好成绩，而且还互相竞赛起来。推展一年多以后，连校长与主任都出来大力推广，并开始计划整地，筹备起学校的原生植物园区，及推展班树的概念，真的是无心插柳柳成荫，也确实感受到植物的生长，对人是有强大影响力的。

陈佩吟 ◎ 新兴国小老师

上过很多关于自然生态、植物认识的课程，上课的感觉是尊重、学习、保护与关怀环境，我想这也是许多保育专家，要给民众的教育与认知吧。但在学习及进入种子盆栽的世界后，观念有如 180 度的大转弯。原来我自己就可以开始生产自然、创造生命，主宰植物繁衍、左右环境绿化，透过人际分享让更多人参与，共同为未来环境打拼。从过去尊重与害怕，到如今的出手复育，透过手上一盆盆的种子发芽，才知道，救地球，真简单！

陈衍秀 ◎ 圆山邮局经理

在淡水社区大学接触到种子盆栽，才知道原来人种植育苗，会得到超乎想象的乐趣！对于都市忙碌的上班族，平时玩玩种子盆栽，是最简单而有效的纾压方式。种子盆栽不受限于空间地点，可放在办公室或家里，不但可以装饰绿化，经由亲手的孵育，还能让人对植物的观点焕然一新，原来植物跟宠物动物一样，都是可以跟人发生情感的。也因为有如此的亲身感受，更推荐此书给各位，如同分享自身的快乐一般。

种出一片美好心田

从小就喜爱将随手取得的各类种子，随心所欲地栽种，于我，种子是与大自然联结的开始，是体悟，更是学习。几粒种子、一盆土、定时浇水、适度日照，种植真的不难。

地球植物的种类约有 28 万种之多，与我们生活息息相关的不过百余种。此次挑选 40 余种的种子植物介绍，为了最美好的呈现，让我们煞费苦心。有的花果期稍纵即逝，有的种植过程屡遭难题，无论是天候、病虫害、栽种等因素，大自然学海浩瀚，必须谦卑地接受所学不足。除了在技术上需要不断充实与调整，更需要造物主的指引与祝福。

提到室内种子盆栽，有不少人受到林惠兰老师的影响，开始投入对种子世界的探索。绿摩豆虽没向先进拜师学艺，但也恭读过她的著作，对于前辈用心营造种子盆栽美感的坚持与专注，不得不由衷佩服。我比较崇尚自然风格，甚至有些植栽长得奇形怪状、高低错落，但都觉得挺美；我也偏好极简风，质朴简单造型的盆器，搭配栽种一株小苗，不必刻意修剪矮化，只要植株健壮也是一种美。

2006 年绿摩豆将种子盆栽与水晶土结合，以期让更多大小朋友亲近植物。有幸受到报社及出版社的青睐，2008 年数本口袋书在便利店 7-11 上架热销，其实一切都是无心插柳。如今在有限的时间、能力、条件下，要将种子植物的四季生态和栽种成长过程，图文并茂记录成书，如果没有那份使命感，是很难坚持下去的。

一整年的种植拍摄过程，甘苦点滴在心，需要感谢的人很多，在此致上深深谢意。感谢六姊大力提供各类水果，感谢母亲、吾儿及家人的支援，感谢"豆豆森林"版主林俊明、张琦雯夫妻不吝指教，并慷慨热心提供诸多协助，感谢爱好种子盆栽的朋友们的推荐序和支持，感谢庄溪老师提供不足的植物图文，以及网络植物达人们提供所需的参考资料，感谢枫葛芮赞助优质的环保盆器，感谢出版社深具意义的成书工作计划，感谢弟兄姐妹们在灵性上鼓励，最要感谢上帝耶和华的种种巧妙设计与安排。期待每一季春暖花开时分，以大自然为师的朋友们，都能种出一片美好的心田。

种子盆栽达人

绿摩豆

进入种子盆栽的世界

捡拾种子乐趣多

种子捡拾 + 栽种年历

种子的取出与保存

种植种子盆栽的入门技巧

种植种子盆栽的工具与材料

捡拾种子乐趣多

　　种子真的是无处不在，只是我们太习以为常而忽略了，像平常吃的水果、住家附近的行道树、公园的景观植栽，或者是到郊野、海滨、农场等地踏青，抬头看看林间树梢，低头翻翻灌木草丛，在大树附近蹲下身找找，都不难发现种子的踪迹。

　　一般人对植物认识有限，其实不是植物与我们的生活遥不可及，而是觉得辨识不易，从中找不到乐趣。其实，认识植物并没有那么困难，我和孩子轻松地跨进植物世界的堂奥，是从生活中吃剩的水果种子开始的。

　　夏季瓜果类种子多，发芽容易，不需太费心催芽与照料，也能长出满满一盆小苗；各种豆科食物，生长快速又能吃到豆芽菜，很有成就感；还有些果实种子造型特别讨喜。比方，蛋黄果的像企鹅、银叶树的像小船、大叶桃花心木的可当竹蜻蜓在空中飞旋、琼崖海棠的可做成声音清亮的哨子……发挥想象力，就能在果实种子之中发现童趣，还能趁机学习到各种植物常识。

　　春天百花盛开，一般植物的花期常在春季，秋季则是果熟期。绿色的果实多属于未熟果，必须等到果实成熟时再捡拾，比较好种。捡回果实种子之后，将它们分门别类装于自封袋，贴上收集地点、时间，趁新鲜尽快处理种植，才有较高的发芽率。原则上，捡拾种子时，不妨顺便观察采集地点的环境如何，如光照、湿度、温度等条件，大致可以作为将来种植的参考。

　　种子造型真是巧妙多变，传播的方式也各有不同，一粒小小的种子如何能长成一棵大树？又如何与大自然共生共息？生命的运作无一不充满了奥妙。而有时沉浸在捡拾种子的乐趣中时，一不小心，就会捡了过量的种子，这时就要学习适可而止啰！或者也可以分享给有兴趣栽植的朋友们。就这样，在不知不觉中，捡拾种子种盆栽的乐趣使我们成为植物的传播者，透过我们的双手与大自然重新联结，你会发现，其实我们每一个人都能为绿化地球尽一己之心力。

公园中的一排福木，在树丛间发现绿色的福木果实。

莲雾树下，落了一地红彤彤的莲雾果实。

台湾栾树是相当常见的行道树，种子很容易取得。

种子捡拾 + 栽种年历	春天			夏天			秋天			冬天		
	2月	3月	4月	5月	6月	7月	8月	9月	10月	11月	12月	1.
01 武竹	■									■	■	
02 蛋黄果	■	■	■	■	■	■					■	■
03 掌叶苹婆	■	■	■									■
04 罗望子		■	■	■	■							
05 印度塔树		■	■									
06 月橘		■	■	■	■						■	
07 咖啡		■	■	■					■	■		
08 卡利撒		■	■						■	■		
09 琼崖海棠		■	■						■	■		
10 银叶树			■	■				■	■			
11 大叶桃花心木			■	■	■							
12 腊肠树		■	■						■	■		
13 春不老		■	■				■	■				
14 树杞		■	■									
15 火龙果	■	■	■	■	■	■	■	■	■	■	■	■
16 文珠兰							■	■	■			
17 穗花棋盘脚							■	■				
18 茄苳	■	■										
19 芒果				■	■	■						
20 鸡冠刺桐						■	■	■				
21 姑婆芋						■	■					
22 面包树						■	■					
23 番石榴	■	■	■	■	■	■	■	■	■	■	■	■

种子捡拾 + 栽种年历	春天			夏天			秋天			冬天		
	2月	3月	4月	5月	6月	7月	8月	9月	10月	11月	12月	1月
24 马拉巴栗												
25 羊蹄甲												
26 破布子												
27 龙眼												
28 肯氏蒲桃												
29 酪梨												
30 兰屿肉桂												
31 水黄皮												
32 莲雾												
33 福木												
34 海檬果												
35 石栗												
36 台湾赤楠												
37 榄仁树												
38 伞杨												
39 毛柿												
40 大叶山榄												
41 竹柏												
42 兰屿罗汉松												
43 柚子												
44 台湾栾树												
45 蒲葵												

北回归线为亚热带及热带的分界线，嘉义县水上乡和花莲县瑞穗乡以北为亚热带，以南为热带，南部较北部果实早熟1～2个月。

处理果实、取出种子，是种植种子盆栽的第一道步骤。依不同的果实种子形态，有不同的处理方式。

取出种子

果实种子形态	取出方法	举例
荚果	剥开荚果即可取出。	羊蹄甲、水黄皮等。
蒴果	剥开蒴果即可取出。	马拉巴栗、伞杨等。
果肉少	剥除果肉即可取出。	蒲葵、印度塔树等。
种子大	剥除果肉即可取出。	穗花棋盘脚、海檬果等。
果皮硬	放一段时间使果实软化，比较容易取出种子。	腊肠树、第伦桃等。
果肉多、种子细小	必须使用网袋或筛网，经来回多次搓揉、泡水以取出。	芭乐、火龙果等。
种子遇水会释出抑制发芽机制的胶质	泡水搓洗种皮后，短时间内就会发芽。	柚子、阿勃勒等。

中国的台湾地区位于亚热带，种子大致分为"正储型""中间型""温带异储型"与"热带异储型"四大类型，各有不同的储存环境。

保存种子

种子类型	储存环境	举例
正储型	可耐低温及干燥。	针叶木的球果种子、枫香，以及阔叶木的茄苳、台湾栾树、光蜡树等。
中间型	4～15℃的环境。	竹柏、大叶桃花心木、土肉桂、台湾赤楠、樟树、榉木、槭树等。
温带异储型	不耐干燥，可在0～4℃的环境下保湿储藏。	福木、兰屿罗汉松、大叶山榄、琼崖海棠、榄仁树等。
热带异储型	不耐干燥低温，较难储存，宜立即播种。	龙眼、毛柿、面包树、银叶树、马拉巴栗、第伦桃、象牙树、兰屿木姜子等。

一般处理过的种子若没有立即种植，可擦干置入自封袋内，存放于阴凉处或低温冷藏，以确保发芽率，冷藏储存期最好只有半年，不要超过一年，储藏期间若有种子开裂发芽，可取出直接种植。

栽种之前

挑选饱满种子

可以目测挑选饱满成熟、无病虫害的种子，也可以用手指捏压试试看，健康的种子不易被压碎。

挑选适合盆器

小粒种子，可挑选小盆器，大粒种子，宜挑选深盆器；独株种植，可挑选窄口盆器，种子森林，宜挑选宽口盆器。盆器过小过浅，较不利植株生长，欣赏一段时间后可移植换盆。

泡水以利催芽

此为种子预措处理，主要目的是减少病虫害，同时可使发芽率较平均。泡水过程中，务必经常更换干净的水以利催芽，并淘汰不够成熟、腐坏的种子。

水培用麦饭石

麦饭石可净化水质，用于水培可支撑植株根系。水培时蓄水量必须超过根部的高度。许多种子植物，根系长期泡水，所以生长较缓慢，须经常换水，以利根系呼吸并维持植株健康。

彩石增加美观

土培时盆土表面覆盖麦饭石等各式碎石，既可加压固定种子，又可使盆土保湿，且兼具美观效果。

密封闷出根芽

冬季气温低，种子发芽较慢，经过泡水沥干的种子，可置自封袋密封层积。闷的过程中可2~3天打开袋子换气，并淘汰不良和发霉的种子。袋内的水汽为种子进行呼吸作用时产生的。待闷出根芽，挑选长势接近的种子一并种植。

土培用培养土

种植初期可使用市场上卖的透水性良好的培养土，也可加入细沙以1：1的比例混合，植株成长至需换盆阶段，可加入壤土混合。

选择种植期

春、秋两季是最适宜种植的季节，在春季播种的话，生长尤其快，冬季种植的如海漂性种子、紫金牛科等，需要越冬翌春才会发芽。

栽种初期

配合盆器浇水

初期的种子盆栽应以喷水而非浇灌的方式来给水，判断水分多寡，可用手掂掂盆的重量，也可用竹签插入至盆的底部，取出竹签检视含水量。有孔的盆器，可使水分从底孔排出，待盆土表面干燥再浇水。无孔的盆器，要视盆土湿度控制每次浇水量，可利用竹签插入盆底观察，倒掉多余的水，切忌让盆底积水。

耐心等候发芽

许多种子生长速度缓慢，有的从发芽到新生本叶大约要历时两个月，冬季甚至长达三个月。每一次拨起种苗再插回对幼苗都是一种折耗，动作宜轻巧，次数也不宜多，耐心一定会看到好成果。

发芽时的光照

种子分喜光的、喜阴的。简单的区分方式是：大种子较耐阴、小种子较趋光。种子盆栽的育苗多数可在室内进行，发芽期间忌强光直射。

病虫害的处理

较高的空气湿度，有利植物生长；然而温、湿度若过高，则易让植物感染霉菌、病虫害等，此时应立即舍弃受感染的种子、幼苗，以免传染其他植株，严重时要将整盆土换掉，以避免扩散。

适度调整排列

种子发芽率、成长速度不一致是正常现象，将无法成活的种子、小苗拔除，利用竹签、镊子适度调整排列以求美观。

适度修剪促长

室内光照若不足，种子盆栽容易徒长。植株生长至一定高度，可摘除顶芽叶片，也可适度修剪高度，使侧芽生长、植株茂盛。

成株之后

配合气候浇水

夏季高温、日照充足，宜每日浇水并增加喷水次数与水量；冷气房较干冷，可在盆的表面加湿水苔保湿；冬季寒冷可减少至一周浇两次水，尤其遇到寒流过境，切忌浇水。

更换盆器技巧

为保证植株成活，植株过高、根系长出盆器外时即可换盆。可适度修剪侧根、徒长的枝叶，带旧土脱盆换大盆器，在盆器底部及植株四周空隙另外加入疏松壤土或培养土，避免阳光直射。

适时给予日照

除了阳性植物，多数种子盆栽都可适应室内光线明亮的环境，室内光照不足，一段时间须渐进移盆至窗台、阳台，让植物做个日光浴，使植株强健。

外出时的照顾

可将盆栽移到浴室等湿度较高、较为阴凉的地方。如果是有孔盆栽，可在底盘加满水；如果是无孔盆栽，仍要留意不使盆土积水，可利用粗棉绳，一端插入盆中，一端置入水盆，利用虹吸原理提供盆栽水分。

种植种子盆栽的工具与材料

　　工欲善其事，必先利其器；勤奋人计划周详，必得益处。进行种子盆栽的种植所需要的工具与材料，都可以在园艺用品店、超市或花市买到。准备好，就可以开始动手种啰！

自封袋：收集种子及密封种子层积。

剪刀：用以剪开果实或种皮。

筛网：清洗细小的种子。

纱布袋：清洗细小的种子。

水盆：浸泡种子。

宽口无孔浅陶盆：使用无孔盆器种植亦可。

手拉坯无孔深盆器：手拉坯盆器的质感特别温润。

宽口有孔环保盆：使用环保材质，为地球尽一份心力。

培养土：土培用的介质。

麦饭石：土培时覆盖种子，亦可用在水培。

水晶土：水培用的介质。

各式彩石：土培时覆盖种子，亦可用于水培。

镊子：用来在盆土上排列小型种子及移植小苗。

竹签：可移植小苗及测盆土湿度。

喷水器：喷洒盆栽补充水分。

保鲜膜：播种初期保湿。

不织布或棕榈树皮：有孔盆器挡底孔用。

湿水苔：层积种子保湿用。

一年四季的种子盆栽

SPRING · 春栽
SUMMER · 夏种
FALL · 秋莳
WINTER · 冬植

武竹 蛋黄果 掌叶苹婆

SPRING

卡利撒 琼崖海棠 银叶树

罗望子　印度塔树

月橘

咖啡

春栽

大叶桃花心木　吊瓜树

春不老

树杞

武竹

元气十足

■**科名：**百合科
■**学名：**_Asparagus densiflorus Jessop_
■**英文名：**African Asparagus
■**别名：**天门冬、非洲天门冬、杉葛、密叶武竹、垂叶武竹。
■**原产地：**南非。

武竹与竹子并没有关系，一般常见的品种有密叶武竹、狐尾武竹。武竹与文竹（园艺俗名新娘花）同为百合科，飘逸的叶形有些神似，常被拿来相提并论。

天门冬属的武竹与中药材天门冬也是近亲关系，植物形态较难分辨，也就是这个缘由，武竹还有个别名叫天门冬。听说武竹也能食用，至于是否与正港的天门冬具有相同的药用疗效还待考证。千万不要学神农氏尝百草，最好还是多方探听了解，到时候再行动也不迟。

武竹耐阴性强，全日照、半日照的环境会生长良好，是常被用来装饰在墙缘、花台和吊盆、组合盆栽的景观植物。

↑ 叶色四季常绿，真叶已退化，假叶为特殊叶状茎，线形扁平，1~5枚簇生，轮状互生。

↑ 花期，南部3~6月，北部4~7月。白色小花，带有清淡芳香。

→ 多年生常绿草本，常用于花台植物，株高约20厘米，枝条木质化且柔软下垂。

栽种
笔记
还记得第一次寻找武竹时，遍寻假日花市也找不到一盆，无意间路经一所校园矮篱、加油站外墙、预售屋大楼花台……才发觉原来武竹是用来装饰的草本配角。期待日后有机会也能在花台上种满一长排武竹，如绿色瀑布般地垂挂在窗外。

武竹看似柔软的茎叶，藏匿着保护刺，收集种子时，须小心翼翼拨开一团浓密的盛草，以免被刺刮伤。过了这一关，稍微费些耐性照料，就可以等到生根长叶。它的地下根茎蓄水力强，很久浇一次水都能成活，可以说是等同仙人掌的耐旱易成活的植物。自视为绿懒人或植物杀手吗？种一盆武竹试试看吧！

■ **果实种子**：圆形浆果，果熟后颜色由翠绿转鲜红，直径约0.5厘米，内含约0.3厘米黑色球形种子1~2粒，偶有3粒。

■ **捡拾地点**：各地公园、校园、路边花台旁。

■ **捡拾月份**：

南部
[1][2][3][4][5][6][7][8][9][10]**[11]**[12]

北部
[1][2][3][4][5][6][7][8][9][10][11]**[12]**

■ **栽种期间**：春、夏两季。

↓果实成熟，可收集红色熟果种植，须留意茎上的刺针。

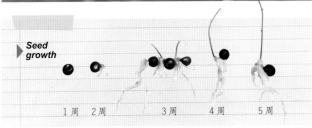

Seed growth

1周　2周　　　3周　　　4周　　　5周

↑ 绿色未熟果、红色熟果、黑色种子。

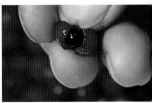

↑ 轻压红色熟果，即可见黑色种子。

栽种难度:

栽种步骤

1 剥除果实表皮，清洗干净。

2 种子泡水浸润约 1 周，每天更换干净的水。

3 培养土置入盆器约 9 分满，将种子撒播于盆土上。

4 种子密集铺平勿重叠。

5 在种子上覆盖麦饭石，或其他碎石、彩石。

6 每天或隔天喷水 1 次，使种子保持充分湿润即可。

7 大约第 2 周，细长的茎叶探出，向光性弯腰。

8 1 个半月，可适度修剪过长茎叶。

9 两个月的完成品，室内有光线、照明充足处放置佳。

蛋黄果

人间仙桃

■**科名:** 山榄科
■**学名:** *Lucuma nervosa* A. DC.
■**英文名:** Egg Fruit
■**别名:** 仙桃、狮头果、林山榄、蛋黄树。
■**原产地:** 美国佛罗里达州、古巴。

植物解说　　中国台湾地区于1929年由菲律宾引种,全台各地零星栽培,嘉义县境为最主要产区。阳性植物,喜温暖日照充足的环境,耐寒性较差,果肉缺乏水分,颜色和质地都像蛋黄,所以称为"蛋黄果",外形似桃子别称"仙桃"。

品种分为长形果及心形果两类,长形果较大,品质口感佳,心形果又圆又短,风味稍差。一般市售果实是8分熟时采收的,贮藏9~15日追熟后可食用。用电石或食盐沾果蒂处,约经两日即可迅速软熟,软熟后可再贮藏10余日。产期调节后,夏季在水果摊也可买到。果实另可制作成果酱、冰奶油、饮料或果酒。

↑ 叶多丛生枝条先端,互生,螺旋状排列,长椭圆形、披针形或长倒卵形薄革质,全缘,叶柄有褐色毛茸。

← 花期,5~6月,花单生,小型,白色或淡黄色,丛生于枝条先端叶腋。

→ 常绿小乔木,树高5~9米,树冠圆锥形,幼枝条常具褐色柔毛,之后则光滑无毛。

栽种笔记

　　水果的基本条件是汁多味美，如果干巴巴的，怎能算是水果呢？蛋黄果的口感绵密、粉粉的、微甜，看起来像蛋黄，吃起来像煮熟的红薯，打成果汁则很浓郁，吃起来味道还不错。它的种子很可爱，与同为山榄科的大叶山榄种子很像，差别是蛋黄果的种子顶端尖尖的、硬硬的，像鸟嘴，近看全身又像一只南极企鹅。

　　请家中小孩儿练习试种，将种子尖端朝上种植。他对于小企鹅鸟嘴要朝上，大感惊讶。向他解释企鹅的头要朝上才能呼吸。正确答案固然重要，但互动的过程有趣才能让记忆深刻。趁着等待发芽的期间，不妨放慢脚步，享受一下慢节奏的生活，欣赏可爱的小企鹅种子。

↓ 果实约在 12 月间开始成熟，未熟果呈深绿色，直到呈金黄色熟软才能吃。

■ **果实种子**：卵形浆果，长7~10 厘米，熟果橘黄色，长果内含 3~4 厘米椭圆形深褐色种子 1 粒，短果含种子两粒以上。

■ **捡拾地点**：台北市士林双溪公园、台中市大肚山环保公园、高雄市观音山，水果摊亦有卖。

■ **捡拾月份**：
1 2 3 4 5 6 7 8 9 10 11 12

■ **栽种期间**：春、夏两季。

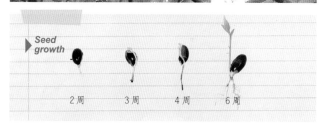

↑ 果熟后整颗果实呈金黄色，表皮光滑，果肉粉状，缺乏水分。

Seed growth

2 周　　3 周　　4 周　　6 周

↑ 种子光滑油亮，浅色平坦面的一端突出尖锐。

栽种难度：

栽种要诀：种子去壳生长较快，水培比土培生长慢，北部因气候等条件，种子发芽率与整齐度比南部低。种子新鲜时立即播种发芽率高，不耐干燥低温。

栽种步骤

1 洗净种子泡水浸润，每天换水，约1周，便可见种壳——开裂。

2 培养土置入盆器约8分满。开裂的种子芽点朝下种植，间隔宜宽。

3 露出部分种子，面朝同一方向，像仰头嗷嗷待哺的雏鸟。

4 覆盖麦饭石，或其他碎石、彩石。

5 每天或隔天喷水1次，使种子保持充分湿润。

6 大约种植6周，种子的新叶展开。

7 大约第7周，第2层叶片渐渐变得修长。

8 大约第8周，晚生的幼苗紧追而上。

9 可适度调整修剪高度。可适应室内光线。土耕、水耕皆宜。

掌叶苹婆

掌叶繁茂　萧瑟亦美

■**科名：**梧桐科
■**学名：***Sterculia foetida* Linn.
■**英文名：**Hazel Sterculia
■**别名：**裂叶苹婆、香苹婆。
■**原产地：**亚洲地区热带、非洲、澳洲。

↑掌状复叶，小叶 5～9 枚，椭圆状披针形，叶纸质，丛生枝条先端。

↑花期，4～5 月，圆锥花序，花小数多，紫红色，花序顶生，多与新叶同时长出，开花时气味特殊且浓郁，大约历时两周。

→（上）落叶大乔木，树高可达 25 米，具有树脂，小枝轮生，枝条平展，树冠圆伞形。（下）冬季看似枯木，枝丫高挂着开裂的木质果实，种子多数已掉落，颇具萧瑟的美感。

植物解说　　掌叶苹婆大约在 1900 年由印度引进台湾地区，生长快、枝叶宽广，是良好的行道树与公园绿荫树。性喜高温多湿，需要充足的日照。木材可制作器具，种子可榨油食用，根、叶、果壳可药用。

秋、冬两季，绿叶开始脆黄枯落，光秃秃的枝丫挂满开裂的木质果实，是极佳的赏果植物。初春，紫红色小花与红褐色新叶，同时探出着生枝顶。花期开始，就可以闻到其花独特的气味，南部人称为"猪屎花"。大自然的奥秘吸引着"逐臭之夫"，许多昆虫对这"爱的芬多精"趋之若鹜。盛夏，枝繁叶茂，冠幅可达 10 米，在树荫下纳凉，暑气顿消。

在辨识植物方面，难免会错将冯京当马凉。掌叶苹婆和马拉巴栗除了掌状复叶相似，仔细观察两者幼苗，子叶却不同。掌叶苹婆的幼茎稍具黏性，也不像马拉巴栗，一粒种子可生长多个植株。

初试种子盆栽种植的朋友，多数是兴致勃勃的，容易浇水过多。但掌叶苹婆的种子需留意水分的控管，稍一不慎就会导致种仁腐烂发霉长虫。

种植种子盆栽可以说是观察生态的入门途径，在学习辨识与种植的过程，能培养耐心、细心和忍受挫折的能力。在台湾地区，园艺疗法方兴未艾，加上提倡平地造林，所以种子盆栽还有很大的发展空间。

↓果期为 6～12 月，果实成熟木质化，像木鱼，开裂后像红色爱心，可搜集掉落的种子种植。

↑开裂的熟果像爱心，种子可轻易从果实脱离。

■ **果实种子**：蓇葖果，扁球形或木鱼形，长约 10 厘米，果熟后颜色转为红褐色，内含长约两厘米紫黑色椭圆形种子 10～20 枚。
■ **捡拾地点**：台北市市府路，台中市梅川东西路，高雄市澄清湖、同盟路，以及南部各地公园、校园、行道树旁。
■ **捡拾月份**：1 2 3 4 5 6 7 8 9 10 11 12
■ **栽种期间**：春、夏两季。

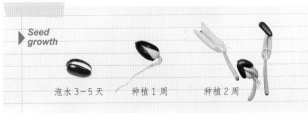

▶ Seed growth

泡水 3～5 天　　种植 1 周　　种植 2 周

↑外种皮为一层银灰色薄膜，去除种皮就能见到深褐色种子。

栽种难度：

栽种要诀： 种子开裂应立即种植，种植前需把芽点擦干才不会烂根。因为种子不耐湿。水量宜少不宜多，否则易发霉腐烂，有虫害。种子可短期低温干藏。

栽种步骤

1 清洗干净种子，剥除外种皮，泡水 2～7 天，种皮开裂应立即种植。

2 培养土置入盆器约 8 分满，开裂处为种子芽点，朝下种植。

3 种子上覆盖麦饭石，或其他碎石、彩石。

4 第 3 天才开始喷水，以后每两天喷水 1 次。注意要少量，避免烂根。

5 大约种植半个月，可见到子叶探高。

6 大约 3 周，嫩绿新叶展开，种壳还挂在子叶上。

7 大约 1 个月，叶片由浅绿慢慢转至深绿。

8 掌状叶平展开来，需充足的日照。不耐水培。

罗望子

酸甜好滋味

■**科名**：豆科
■**学名**：*Tamarindus indica*
■**英文名**：Tamarind-tree
■**别名**：罗晃子、九层皮果、酸果树、酸角、酸豆、酸子。
■**原产地**：印度、爪哇，非洲尼罗河流域。

植物解说　　罗望子在一些热带国家很常见，英文"Tamarindus"由"Tarmar"（熟枣）和"indus"（印度）组成，原产于非洲东部，被引种到亚洲热带地区、拉丁美洲和加勒比海地区。在印度南部是常见的观赏行道树，当地猴子很喜欢吃成熟的罗望子果实。台湾地区大约于1895年由印度、爪哇引进，南部气候适宜，栽种较多。

罗望子用途很广，心材木质呈黑红色，质地硬实密致，被用于制作农具、家具、地板等。果实可生食以及用来制作甜点、饮料、调味料等，叶可成为食用香料。果实、叶、树皮都可药用，种子油炸后可食，果实还可用于去除铜锈。

↑ 叶对生，一回偶数羽状复叶，小叶 10~20 对，长椭圆形。黄昏入夜，叶片收缩下垂，形状似含羞草。

↑ 花期在夏、秋季，总状花序腋生，小花乳黄色，花瓣有红褐色脉状纹。

→ 常绿乔木，南部株高可达 10 多米，北部零星栽种。

栽种
笔记
　　至超市买了袋干燥的罗望子回家吃，酸中带甜，滋味还不错。原以为干罗望子像龙眼干一样是不能种植的，试种后发现竟然是活的种子，发芽率还不错，真是意外收获！

　　家中的众多盆栽里，罗望子最能引人注目。带种子盆栽外拍，常有人误以为是含羞草之类的路边野草；遇到泰国、越南籍的外籍朋友，问过后才知道是她们家乡常见的水果。小小的盆栽带来人际间的交流与互动，挺好。

　　虽不像含羞草一碰触整株就"害羞"收缩，但每到黄昏和入夜，叶片会自然下垂，有时我会以此来提醒耍赖不睡的宝宝，天黑黑该是睡觉的时候啰！

↓果期为 11 月～翌年 4 月。果皮脆，质薄，果实成熟，可收集落果种植。

↑莢果与果肉间有硬纤维，褐色果肉似黏土。莢果内 1 个圆弧就藏有 1 粒种子。

■**果实种子：**莢果圆筒状，长 7～15 厘米，熟果呈黄褐色，内含长约 1 厘米四角或多边形深褐色种子数粒。

■**捡拾地点：**新北市八里左岸、台中市科博馆、台南市成功大学大学路、高雄市都会公园。

■**捡拾月份：**

南部
1	2	3	4	5	6	7	8	9	10	11	12

北部
1	2	3	4	5	6	7	8	9	10	11	12

■**栽种期间：**春、夏两季。

Seed growth

1 天　　　1 周　　　10 天

↑种子外有层薄膜，容易剥除，米白色芽点明显。种子有棱有角且不规则，硬实、亮滑，像糖果。

栽种难度:

栽种要诀：种子硬壳泡水会渐渐软化，褪去外皮。浇水过多种子易发霉。豆科种子成长速度快，需充足的日照。种子可干燥储藏。

栽种步骤

1 剥除果皮、果肉，将种子清洗干净。

2 大约浸泡 3 天，种子膨胀即可种植。

3 培养土置入盆器约9分满，种子芽点朝下种植，间隔宜宽。

4 种子上覆盖麦饭石，或其他碎石、彩石，每天或隔天喷水 1 次使种子保持湿润。

5 大约种植 1 周，可见到种皮开裂。

6 第 8 天，米白色的茎抽高，真是一眠大一寸。

7 大约第 10 天，浅绿叶片伸出来招手。

8 才两周就有模有样，成长速度惊人！

9 种植时间对，光照充足，1个月，摇身一变，成了绿美人。

印度塔树

长叶垂枝　暗罗摇曳

■**科名:** 番荔枝科
■**学名:** *Polyalthia longifolia* (Sonn.)
■**英文名:** Long-leaf Polyalthia
■**别名:** 垂枝暗罗、长叶暗罗、印度鸡爪树。
■**原产地:** 印度、巴基斯坦、斯里兰卡。

植物解说　番荔枝科主要分布于热带及亚热带地区，为常绿乔木、灌木、藤本植物，有 120 多属 2300 多种。台湾地区番荔枝科有 8 属 19 种，印度塔树和释迦同属此科。

印度塔树为番荔枝科暗罗属常绿中乔木，树冠尖耸、挺立，枝叶茂密下垂，在印度被称为"阿育王树"。在造物主的定义中，植物并无国界与宗教的藩篱。

性喜高温、高湿、日照充足的环境，耐热、耐旱、抗风、耐贫瘠土壤，抗病虫力强，以种子繁殖。华南地区于温室育苗方可安全过冬。台湾地区生长条件适宜，印度塔树常做行道树，校园里也普遍种植，为具观赏性的优良绿化树种。

↑ 单叶互生，狭披针形下垂状，叶面纸质油亮，叶缘波浪状，长 15 ~ 20 厘米，易辨识。

↑ 花期，3 月 ~ 5 月中旬。浅绿色小花，腋生花瓣 6 片，伞形花序。（图片：庄溪老师 / 提供）。

→ 常绿中乔木，柔软下垂的绿叶将树干覆盖成尖塔状，成株高度可达 8 米。

栽种笔记

夜色昏暗，幽幽飘扬的树影，仿佛张牙舞爪的巨兽，隐匿在黑暗中；晨曦熹微，绿叶婆娑，好似拖曳一袭绿羽舞衣，静待出场表演的舞者。有人说她像尖塔、未张开的伞、圣诞树、鸡爪……只要想象力丰富，总有各种各样的联想。

经过日晒雨淋，散落一地的金黄色种子已不见果肉。泡水浸润的过程，几乎没有不好的气味，随捡随种发芽率与生长状况不太均匀与整齐，可多种几盆再挑选长势较佳的移植。留意湿度控管，避免盆土过湿种子发霉生虫。小苗树形高低错落，看来含蓄谦卑，有着垂枝暗罗的雏形。

↑ 左边深色为印度塔树熟果，右边青色为未成熟果。

■ **果实种子**：卵形聚合果，长约两厘米，果熟后颜色为黑褐色，内含长约两厘米浅褐色种子1枚。

■ **捡拾地点**：新北市淡水观海路，台中市都会公园，高雄市同盟路、冈山工业区，以及各地公园、校园中，行道树旁。

■ **捡拾月份**：
1 2 3 4 5 6 7 8 9 10 11 12

■ **栽种期间**：春季。

↓ 果实渐成熟，由绿色转至紫黑色，整串挂枝头，颜色富于变化，熟果会自然掉落，可收集落果种植。

> **Seed growth**

| 4周 | 6周 | 8周 |

↑ 种皮内果肉不多，种子有一道中线深沟，双子叶植物特征明显。

栽种难度：

栽种要诀：捡拾新鲜带果肉的种子，发芽率高。泡水两天后，将浮在水面的种子淘汰，可置自封袋闷出根芽再种植。种子发芽长茎叶后，移至光照充足、全日照环境里最佳。种子不耐储藏。

栽种步骤

1 剥除果实表皮，将金黄色健康种子清洗干净。

2 大约浸泡 1 周，每天换水催芽，淘汰浮在水面的种子。

3 右边为种子芽点，将种子芽点朝下种植。

4 培养土置入盆约 8 分满，种子间稍微留空隙。

5 在种子上覆盖麦饭石，或其他碎石、彩石，可露出部分种子欣赏。

6 每天或隔天喷水 1 次，使种子保持充分湿润即可。

7 6 周后，新叶展开。7 周，叶片由浅绿渐渐转为深绿。

8 4 个月，完成品高低错落。看吧，不错！能提供充足光照的环境最佳。

月橘

七里香　传满庭

■**科名**：芸香科
■**学名**：*Chalcas paniculata*
■**英文名**：Common Jasmin Orange
■**别名**：七里香、十里香、千里香、满山香、石松、石苓。
■**原产地**：中国的台湾和华南地区，印度、缅甸、马来西亚、菲律宾等。

植物解说　月橘的本名虽没有七里香来得耳熟能详，在辨识分类植物时，参考本名才是最便捷的，既然有"橘"为名，想当然尔与柑橘类有某种程度的关系。透过光线细看叶片，有许多透明油腺点，揉搓后果然有类似柑橘的浓郁气味，这是芸香科植物的特征，也是蝴蝶的最爱。

常绿灌木或小乔木，围篱株高 1～3 米，单株种于庭园或山林中，可高达 10 多米。数十年小品盆栽价格不菲。山林中的老树有时候也会被"山老鼠"盗伐。果实成熟可食用和做药材，月橘木质坚硬、细致，可用于制作印章、农具，充当雕刻材料等。

↑ 叶互生，奇数羽状复叶，小叶 5～9 枚，叶面有油腺点，搓揉有似柑橘的香味。

↑ 主要花期在 6～9 月，顶生或腋生伞房花序，花瓣白色，有香味。

→ 常绿灌木或小乔木，枝叶耐修剪，普遍栽植成庭园绿篱，道路旁、水沟边时常可见。

"七里香"，如此诗情画意的名字，诗人、歌手以此创作出脍炙人口的诗篇与乐章，原来她只是水沟边常见和不起眼的矮围篱。没想到小品盆栽的她，竟能有老树缩影的大家风范，那么种子小森林盆栽呢？

造物主设计生态，万物总是环环相扣，密不可分。采集足够种植的果实，别贪心，其余的可要留还给虫、鸟及大自然。并且若不及时种植，发芽率会渐渐变低，光看外观是看不出来的。兴致勃勃种了一大盆，等了几个月，才发觉白忙一场。有时一口气多种了几盆，分送给亲友当作伴手礼，也不错！

- **果实种子**：卵形浆果，长约 1 厘米，果熟后颜色由绿转红，内含长约 0.6 厘米米色种子 1~2 粒。
- **捡拾地点**：各地公园、校园、行道树旁。
- **捡拾月份**：
1 2 3 4 5 6 **7 8 9 10 11 12**
- **栽种期间**：春、夏两季。

↓栽培得宜，1 年结果两次，成熟时由青绿色转为鲜红色，相当醒目。

↑月橘果实，3~5 月果实发芽率较高。

> Seed
> growth

3 天　　　1 周　　　10 天

↑果实种子纵切面。成熟果实果肉呈红色，内有 1 粒全豆种子或两粒半豆种子。

栽种难度：

栽种要诀： 想欣赏子叶，种子泡水后置密封袋层积至发芽后，可拿出种子种植。幼苗具向光性，需要全日照、半日照的环境。种子可低温干藏半年至1年。

栽种步骤

1 剥除果肉，清洗干净。可将果实置入细网袋中搓揉，再泡水、冲洗、筛选。

2 种子泡水1周，每天换水以催芽。丢弃浮起、软烂的种子。

3 培养土置入盆器8~9分满。

4 尖端为种子芽点，芽点朝下种植。

5 为求种子发芽后的森林美感，种子要排列整齐。并覆盖麦饭石，或其他碎石、彩石。

6 每天或隔天喷水1次，使种子充分湿润，切勿积水。

7 约两周茎探高，长出新叶，需增浇水量。此阶段向光性明显，可转动盆器使其向上生长。

8 大约第6周，叶片由浅绿转至深绿。适合光照充足或有散射光线的环境。两年后可换盆。

咖啡

好东西要和好朋友分享

■ **科名**：茜草科
■ **学名**：*Coffea Arabica*
■ **英文名**：Arabian Coffee
■ **别名**：阿拉伯咖啡、小果咖啡。
■ **原产地**：埃塞俄比亚、非洲热带地区。

植物解说　据传有位牧羊人的羊群吃了一种植物果实后变得异常兴奋，因而发现了咖啡的妙用。公元 575 年，阿拉伯西南部的也门人已开始饮用；西欧约于 1615 年开始饮用。全球最大的咖啡产国为巴西，其次是哥伦比亚。因此南北回归线及赤道附近的热带地区，被称为咖啡带。

咖啡有九十几种，主要由 3 个原生种发展而成：阿拉比卡咖啡（又称阿拉伯咖啡）、罗布斯塔咖啡（又称刚果咖啡）、利比里亚咖啡（又称赖比瑞亚咖啡），台湾地区目前主要栽培的是阿拉比卡咖啡。小果咖啡被大量种植，19 世纪末发生了一次大面积的病害，种植者才开始寻找其他抗病的品种。

↑ 单叶对生，卵状椭圆形。全缘或呈浅波形，薄革质，叶面浓绿色，蜡质。

↑ 冬季至春季开花，聚伞花序簇生于侧枝叶腋，花香浓郁似茉莉花的香，花期为 3～5 天。

→ 常绿小乔木或大灌木，株高 5～8 米，咖啡农常修剪至两米以下方便采收。

栽种笔记

还记得"好东西要和好朋友分享"这句广告语吗？咖啡的送礼文化蔚然成风，早已成为台湾地区普及化的日常饮品。咖啡的文化历史悠久，至于种咖啡，可别以为只有专业人士才办得到，喝咖啡、买咖啡，别忘了和咖啡农好好商量找一些生豆，回家试种看看吧！

好喜欢看种子发芽的过程，似乎有种神奇的感染力。咖啡挺出细茎，顶起小豆豆，撑开种皮薄膜探出蝴蝶状双子叶，像破茧而出的蝶蛾，虽然不会振翅而飞，蓄势待发的力量同样是惊人的。每次与爱喝咖啡的朋友们分享咖啡的种子盆栽，得到的回应都是相同的——酷！

↓夏季至秋季结果，熟果为鲜红、暗红色，可收集落果种植。

■**果实种子**：浆果长约两厘米，果熟后颜色由绿转黄红至暗红色，外果皮革质，内果皮透明硬膜质，内藏银灰色种子长约1.5厘米，1~2粒。
■**捡拾地点**：新北市三芝竹柏山庄、云林县古坑乡果园、嘉义县农场、台中市中兴大学惠荪林场、屏东县万峦乡佳佐国小、花莲县舞鹤一带。
■**捡拾月份**：
1 2 3 4 5 6 7 8 9 10 11 12
■**栽种期间**：春、秋两季。

↑鲜红的咖啡熟果被昵称为咖啡樱桃。内藏1颗全豆或两颗半豆。

▶Seed growth

4周　　7周　　9周

↑红色外种皮内藏有果肉、种子，浅褐色内种皮包裹着种子，种子有一道中线深沟。

栽种难度：

栽种要诀： 剥除硬质种皮较费工，宜小心与耐心。咖啡长得慢，原为林木较低层植物，可耐阴，需半日照的环境。种子可干藏半年。

栽种步骤

1 剥除果实表皮，清洗干净。

2 大约浸泡 1 周，每天更换干净的水以催芽。

3 小心剪开和剥除硬膜质种皮，淘汰瑕疵种子。白色小小突出即为芽点，朝下种植。

4 培养土置入盆器约 9 分满，种子间隔约 1 粒种子的大小。

5 在种子上覆盖麦饭石，可遮光、加压，兼具美感。

6 每天或隔天喷水 1 次，使种子保持充分湿润，切勿积水。小种子出土透气喽！

7 大约 1 个月，种子被嫩茎——顶起。

8 大约两个月，油亮的子叶从薄薄的银皮中——伸展。

9 4 个月本叶展开，半年完成品，种子盆栽耐阴性佳，可适应室内光线。

卡利撒

给你好气色

■**科名**：夹竹桃科
■**学名**：*Carissa grandiflora*
■**英文名**：Carissa
■**别名**：美国樱桃、大花假虎刺、大花卡梨、丹吾罗。
■**原产地**：南非、印度、斯里兰卡、缅甸、马来西亚、爪哇。

卡利撒分布于热带及亚热带地区，原生于南非纳塔尔省，在当地人们将果实制作成果酱、甜饼馅等食物。卡利撒全年开花结果，主要花期为春、秋两季，植株成熟后呈木质化，全株分泌白色乳汁。具有抗风、耐热特性，沿海地区生长迅速，成株有刺针，常用于庭园美化栽培和种植绿篱、盆栽。

台湾地区引进栽培很普遍，常见的卡利撒有大花卡利撒、小卡利撒、无叶卡利撒、斑叶卡利撒。Y形刺针保护着花果，花果期可欣赏花繁果茂的盛况，红色熟果可生食。但因为基于夹竹桃科，加上乳白色汁液，在台湾地区少有人食用。

↑单叶对生，厚革质，阔卵形，先端微尖有小而短的突刺，退化叶转为鲜红色。

↑在分枝叶腋间，有1对Y形刺针。

↑全年开花，主要花期在3～6月，花白色，着生于顶端。

→常绿灌木，株高1～3米，全株具白色乳汁。

我家附近刚好有这种较少见的植物，有些熟识植物特性的人会采集熟果。卡利撒的果实富含铁，可食用。但它的分类竟属夹竹桃科，从小认为夹竹桃为有毒植物的我，对鲜红的浆果、乳白的汁液怀着忐忑的心情，鼓起勇气吃了一小口，酸酸甜甜的，身体也没任何不适。所以吃上几粒补充铁，也许还可以带来好气色。

卡利撒属阳性植物，需要全日照的条件，最好栽培于窗台有阳光处。新生的浑圆叶片，可爱且吸引人，不像成株有刺。生长至一定高度时开始出现高低错落的样子，适度摘顶芽，增加侧枝，这样会显得更加茂盛。

↑果实横切面。粉红色果肉，分泌白色乳汁。内含卵形或椭圆形扁平种子。

■ **果实种子**：椭圆形浆果，果熟后颜色呈鲜红色及深红色，径长约3厘米，内含径长约0.3厘米褐色种子10~30粒。

■ **捡拾地点**：新北市八里左岸、台中市梧栖区港区公园、高雄市西子湾。

■ **捡拾月份**：
1 2 3 4 5 6 7 8 9 10 11 **12**

■ **栽种期间**：春季。

↓果实成熟，可收集暗红色落果种植。

←熟果为红色。

→未熟果为绿色。

←果实纵切面。

▶ **Seed growth**

| 5周 | 6周 | 7周 |

栽种难度：

栽种要诀：采集果实时要留意叶腋间刺针，果肉的白色乳汁稍有黏性，果实以自封袋闷至软烂后较易取得种子，培养土以沙质壤土最佳。种子不耐储藏。

栽种步骤

1 剥开果实，以小勺刮下种子。

2 清洗干净种子，约浸泡 1 周，每天更换干净的水。

3 可由盆器外缘以同心圆方式排列种子。

4 将种子排列整齐，或撒播均匀不重叠。

5 在种子上覆盖麦饭石，或其他碎石、彩石。

6 每天或隔天喷水 1 次，使种子保持充分湿润即可。

7 大约 4 周，两片子叶探出。可移至光照充足处。

8 约第 6 周，圆润可爱的叶片由浅绿转至深绿。

9 4 个月的成品，适合种植于全日照或半日照的环境。

琼崖海棠

海棠风情　圆满多福

- **■科名：**藤黄科（金丝桃）
- **■学名：**_Calophyllum inophyllum_ L.
- **■英文名：**Kalofilum Kathing
- **■别名：**红厚壳、胡桐、君子树、海棠果。
- **■原产地：**中国的台湾恒春沿海、海南岛等。

植物解说

花莲市明礼路两侧，植栽了40余株苍劲的琼崖海棠，共生栖息着多种真菌、植物、虫鸟生态，据悉树龄已近百年，从人类角度的百龄老树，在大自然中即使千年也算是幼齿，一株小树苗自然生长，究竟要度过多少天灾天敌，生命的限度有多长，只有造物主能数算。

琼崖海棠为台湾地区原生树种，树性强健，生长缓慢，树皮厚，深根性，厚革质叶片表面有蜡质。可种植为海岸造林树、行道树、庭园树、盆栽等。木材致密坚重耐蛀，可制作船舰、家具、农具等。树皮可做染料，树脂、叶、根、种子等可药用。果实可食。

↑叶椭圆形对生，厚革质。叶背可见凸起的中勒，两旁细密整齐的平行侧脉。

↑4~5月、7~8月开花，圆锥花序，花白色，腋生，芳香，有长梗。

→常绿乔木，树冠圆形，成株高度约有7米。花莲明礼路百年琼崖海棠老树形成绿色隧道。

栽种笔记　　我挺爱和小朋友分享大自然的素材。琼崖海棠不仅名字美丽，可爱的圆形木珠种子，既可以当弹珠玩，挖个洞取出种子，还能当哨子吹。传统的儿童玩具，不需花钱也能享受 DIY 乐趣。

　　一次路经小公园，一排琼崖海棠树下，许多落地的种子已发出小苗，却被当成杂草砍断，有的又重新发新枝叶。刚巧有工人正在割草皮，抢救了一些小苗回家，算是对大自然一点小小的回馈吧！它也是园艺店常见的种子盆栽，被称为"龙珠果"，发芽速度慢，生长也慢，若土培，照顾得宜，不换盆也能欣赏好几年，是我最爱的种子盆栽之一。

↑剥开种子，木质化种壳内有一层木栓质，以利浮水海漂。

■ **果实种子：**球形核果，径约 3 厘米，果熟后颜色由绿转褐色，内含约两厘米乳白色种子 1 枚。
■ **捡拾地点：**台北市师大路、台中市清水休息站、高雄市冈山工业区、花莲市明礼路，以及各地公园、校园、行道树旁。
■ **捡拾月份：**[1][2][3][4][5][6][7][8][9][10][11][12]
■ **栽种期间：**春、秋两季。

↓春夏之际结球形核果，据说绿色未熟果可加糖腌渍吃。果实转熟后，气味香甜，是虫类的最爱，可收集褐色落果种植。

Seed growth

2周　　4周　　6周　　8周

干果。

去皮种子。

去壳种仁。

↑种仁富含脂质，可提炼压缩精油，有舒缓皮肤等功效。

栽种难度：

栽种要诀： 可种成独株或种子森林。种子不去壳约两个月发芽。盆栽耐阴性与水培都不比福木强和持久，成株在日照充足的条件下生长良好。种子可低温冷藏约 1 年。

栽种步骤

1 种子剥除果实表皮，清洗干净。可敲裂种壳以利发芽。

2 大约浸泡 10 天，每天更换干净的水。

3 若喜欢木珠种壳的美，可保留种壳，将种子凸出的芽点朝下种植。

4 覆盖麦饭石，或其他碎石、彩石。

5 每天或隔天喷水 1 次，使种子保持充分湿润。

6 想要早点看到发芽，可去壳种植，凸出处的芽点朝下种植。

7 大约到第 5 周，粉红色的茎探高，嫩绿的叶片也开始伸展。

8 大约到第 7 周，种仁已由黄转绿，新生叶片也渐渐变多。

9 种子盆栽可耐阴，在有充足日照的条件下长势佳。

银叶树

爱拼才会赢

■**科名：**梧桐科
■**学名：**_Heritiera littoralis Dryand._
■**英文名：**Looking Glass Tree
■**别名：**银叶板根、大白叶仔。
■**原产地：**中国的台湾地区、太平洋群岛、亚洲热带地区。

植物解说　　银叶树为台湾地区滨海原生植物，分布于北基宜、恒春半岛、兰屿海岸等。天气晴朗，站在树下抬头仰望，银白色的叶片随风翻弄着，这就是银叶树名称的由来。台湾地区四面环海，气候温暖，夏秋多台风，很适合有抗风、耐盐、抗旱、耐湿等特性的银叶树生长。

据悉银叶树原生于热带雨林。那里终年多雨湿热，环境泥泞，为适应不利的生存环境，银叶树长出了突出土壤的板根，不仅增加了根部的呼吸面积，还可巩固支撑树干，为了拓展繁衍，果实也具备了海漂特性。它的木材可供建筑、造船、制作家具等，种子可药用，治腹泻。

↑ 叶革质，长椭圆、披针状长椭圆形，掌脉或羽脉，叶背表面密被银白色鳞片。

↑花期，4~5 月、10~11 月。雌雄同株，花小，呈绿色，圆锥花序，雄花萼，钟形，花瓣退化。

→ 常绿中乔木，成株高度约有 10 米，基部常有明显板根，为优良的海岸防风树种。

栽种笔记

　　银叶树的果实形状特殊，很难不让人多看一眼。捡拾掉落一地的果实，虽然明知道够种就好，偏偏难抑兴奋的心情，就是难以收手。有些过小的种子发育不完全，可留下作为装饰，挑选大粒饱满的种子泡水催芽。一堆种子浮在水面，像一艘艘小船，不免让人联想到挪亚方舟。

　　银叶树发芽超级慢，这是许多海漂植物的共同特性，尤其在冬季种植，几乎要等到春天才能见到动静，有了这层了解，也就不会操之过急了。但为了确保种子的发芽率，可将种壳小心除去，精挑细选优良的种子。大约种植3周就可发芽，两个月就可见闪闪动人的银白色叶背。

■**果实种子**：扁椭圆形坚果，长3～5厘米，熟果呈木质褐色，内含约两厘米米色种子1枚。
■**捡拾地点**：新北市关渡水鸟公园、高雄市九如四路，以及滨海各地公园、行道树旁。
■**捡拾月份**：1 2 3 **4** 5 6 7 8 9 **10 11** 12
■**栽种期间**：春、秋两季。

↓ 果期为6～10月、11月～翌年3月，果实聚生于花轴端，果实成熟，可收集落果种植。

Seed growth
2周　3周　4周　5周　6周

← 银叶果实外壳光滑木质化。

→ 腹缝中线有龙骨状突起，像船只的设计，可借海流漂送。

↑ 果实内层为纤维木栓质，突出龙骨下充满气室，可使种子芽点保持朝下，种子富含脂质。

栽种难度：

栽种要诀： 可在果实底部戳洞，泡水浸润后置自封袋层积可加速发芽，去壳种植生长快。种子为热带异储型，不耐干燥及低温储藏。

栽种步骤

1 在果实底部戳洞。

2 洗净果实。泡水催芽时会浮在水面。须每天换水。

3 大约浸泡 3 周，种壳浸润后呈深色，即可找盆器种植。

4 培养土置入盆器约 8 分满，种子芽点朝下种植。每天或隔天喷水 1 次保持湿润。

5 早秋种植，种子不必经过越冬春化，大约 1 个半月就可见茎叶生长。

6 种子发芽率不均匀，可同时多种几盆，将长势接近的移植在一起。

7 大约两个月，银白色叶背已清晰可见。

8 大约 3 个月，叶片由浅绿色慢慢转至深绿色。需充足的日照，土培、水培皆宜。

大叶桃花心木

桃花舞春风

■**科名：**棟科
■**学名：** *Swietenia macrophylla* King
■**英文名：** Honduras Mahogany
■**别名：** 桃花心木。
■**原产地：** 拉丁美洲。

桃花心木属的植物全世界仅有5种，产在拉丁美洲、印度群岛，中国台湾地区引进大叶桃花心木与小叶桃花心木两种，因为木材呈淡红褐色如桃花而得名。

喜高温、耐旱、需要充足的日照，冬季至早春有半落叶现象，一两天即落光旧叶，随即萌发新叶，枝叶茂密，是用于造林、庭园树、行道树的优良树种。

大叶桃花心木是旧高雄县树，也是原产地多米尼加的国花。英文中的"To be drunk under the Mahogany"是指酒足饭饱宾主尽欢之意，在这里桃花心木俨然成为餐桌的代名词。它的木材质地密致有光泽，可用来制作桌面、钢琴、船只和各种高级木器等，因此，也遭到大量砍伐。

↑ 叶互生，偶数羽状复叶，小叶5～6对，斜披针形或长椭圆状披针形，长9～15厘米。

↑ 花期，3～4月，花小，由多数聚伞花序集合成一大型的圆锥花序。（图片：小兔的花花世界／提供）。

→ 常绿大乔木，主干挺拔，树高可达20米以上，小枝具皮孔，叶片翠绿盎然。生长快速，是良好的木材。

北部较少见到大叶桃花心木，它
的种子有 1 片狭长的薄翅，果熟开裂，
种子乘风旋转飞扬，不知自己要旅行到何处。有心人捡
拾回家如获至宝，将有趣的大自然素材和孩子分享互动。至
于该怎么种，光靠想象力还不如亲自试验。

为了尽快看到发芽，得到均匀的发芽率，破壳取出种仁
种植最有效，但往往照顾不周，种子很容易腐烂感染病虫害，
也少了份欣赏种子美感的机会。鱼与熊掌不可兼得，两全其
美的方法是各种一盆，或者事后再将未栽种的种子插在发芽
的小苗旁。

↑ 褐色狭长翅状种子可利用风
力传播。种皮充满气室似的
海绵，种子质轻，以利飞行。

■ **果实种子**：褐色卵形果，
长约 20 厘米，果熟后木
质化，内含褐色长翅种子
45~70 枚。

↓ 开花后 1 年结果，果熟期为 2 ~ 4 月，木质化熟果由基部开裂成 5
瓣，风一刮，翅果便像竹蜻蜓旋转飘落下来，很有趣。

■ **捡拾地点**：台湾大学，台
中市科博馆，高雄市都会
公园、同盟路，以及各地
公园、校园、行道树旁。

■ **捡拾月份**：
1 2 3 **4** **5** 6 7 8 9 10 11 12

■ **栽种期间**：春、秋两季。

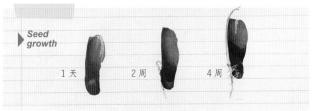

Seed growth

1 天　　2 周　　4 周

↑ 剥除褐色种皮后的白色种
仁，胚轴位于侧边弧形中心
点处。

栽种难度：

栽种要诀： 可将薄翅折断以便剥除种皮，小心种仁质脆易断，阳性植物需充足的日照。种子为干储型，可存放半年以上。

栽种步骤

1 剥除褐色种皮，种子泡水浸润 1 天。

2 培养土置入盆器约 9 分满，将种子直立种植，间隔宜宽。

3 也可不除去种皮种植，欣赏种子之美。

4 每天或隔天喷水 1 次，使种子保持充分湿润即可。

5 大约第 2 周，可见到种子的根芽渐长。

6 大约 3 周，细长的茎叶展开。

7 大约第 4 周，叶片由浅红色慢慢转至浅绿色。

8 6 周后，叶片舒展开来，叶脉明显，美哉！

吊瓜树

果长情万里

- **科名：** 紫薇科
- **学名：** *Kigelia pinnata*
  (Jacq.) DC.
- **英文名：** Sausage Tree
- **别名：** 炮弹树、非洲葵菊果、吊灯树。
- **原产地：** 非洲热带地区。

吊瓜树原生地在非洲草原，台湾地区于 1922 年引进，全省各地零星栽植做行道树或庭园观赏树。它的果形硕大，一条条垂挂，像洋火腿也像大红薯，辨识度高；另豆科的阿勃勒因果实细长，像洋香肠，有腊肠树的别称，虽然两者相似度不高，但树名经常容易混淆。吊瓜树花大呈深红色，夜间开花，可借夜行性昆虫与蝙蝠授粉，乌干达当地则将果实制成啤酒香料。

台北市立动物园非洲动物区可以见到吊瓜树的踪迹。往年果实大小像马铃薯，近年因温室效应的作用，植物生长情况改变，现在台湾地区的北部果实可长达 30 ~ 50 厘米，几乎与原生地一样。

↑ 单叶对生，一回奇数羽状复叶，小叶 7 ~ 13 枚。

↑ 花期在夏末秋初，两性花，红褐色钟形，呈下垂总状花序，花大，花序长 20 ~ 40 厘米。

→ 常绿大乔木，树高可达 20 米以上，树干直，枝条扭曲，叶痕明显。

栽种
笔记

初见到树梢悬挂着一条条硕大的吊瓜树果实，它们牢牢地抓在枝节端，倒不担心万有引力使它们落下砸到头，反而好奇它们又硬又大，到底是哪种动物会吃它们？更惊叹经过精心设计的大自然，真是随处可见学问。

到目前为止，吊瓜树是我们所处理过的种子中难度数一数二高的。如果能找到自然腐熟的果实，取种子倒也不难，但时间有限、果实有限，必须尽快种植拍照，连催熟水果用的电土都用上了，结果还是得劈开果实。一排种子被劈成两半好心疼，但只要见到美美的"小绿意"在生长，辛劳的代价很值得，感谢上帝。

■ **果实种子**：长圆柱状或葫芦形，长 30 ～ 50 厘米，果熟后颜色呈褐色，内含长约 0.8 厘米水滴状浅褐色种子数十粒。

■ **捡拾地点**：台北市辛亥路、罗斯福路至新生南路段、白河关仔岭风景区；高雄市前金二街。

■ **捡拾月份**：
1 2 3 4 5 6 7 8 9 10 **11** **12**

■ **栽种期间**：春、秋两季。

↓ 果期为 9 ～ 11 月，1 根花轴长达 1 米，可结出多个果实。据说原生地果实重达 7 ～ 9 公斤，果熟期经过树下要当心落果。

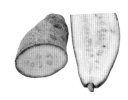

↑ 果实切面。果皮粗硬，果肉呈纤维状，种子分散其间。

Seed growth

1 周　　2 周　　3 周　　4 周

↑ 吊瓜树果实虽大，种子却比南瓜子小。

栽种难度：

栽种要诀： 自然腐熟的果实较易取得种子，要小心粗硬果皮刮伤手。春季种植发芽快，冬季播种翌春发芽。盆栽需光照充足及温暖湿润的环境。

栽种步骤

1 取出种子清洗干净，泡在水中，每天换水以利催芽。

2 大约浸泡 1 周即可种植。培养土置入盆器约 8 分满，种子尖端芽点朝下种植。

3 种子上覆盖麦饭石，或其他碎石、彩石。

4 每天或隔天喷水 1 次，使种子保持充分湿润。

5 大约种植 3 周，可见种子的茎芽渐长。

6 大约 4 周，对称的心形双子叶几乎全面展开。

7 大约第 5 周，本叶也探出了，真美！

8 1 个半月成品。种子盆栽需充足的日照。

春不老

青春常在永不老

■**科名：**紫金牛科
■**学名：**Ardisia
squamulosa Presl.
■**英文名：**Ceylon Ardisia
■**别名：**山猪肉、万两金、
兰屿紫金牛、东方紫金牛。
■**原产地：**中国的台湾地区
的兰屿、绿岛、海南岛和
亚洲南部地区。

植物
解说

　　春不老为台湾地区低海拔原生植物，花果期可同时欣赏到晚熟果及早开花，这是许多植物的共同特性。因南北气候温差有别，大部分植物的花期是南部较北部早一个月。有些果树南部结实累累，北部花期才正要结束（例如，芒果、面包树），甚至有些植物南部结果率高，北部结果率低（例如，火焰木、毛柿）。但近年来气候不稳定，植物的花果期也很不一定。

　　春不老终年常绿，象征青春不老、多子多福，为相当普遍的庭园植栽及绿篱，根、茎、叶、果实各有不同的药用疗效，空气净化力强，很适合都市及工业区绿化用。

↑ 单叶，互生，叶长卵形或倒披针形，叶柄红褐色，新叶会由红转绿。

↑ 主要花期在春、夏，几乎全年可见开花。伞形花序，近顶生或腋生，花倒吊，似小铃铛，花的颜色为浅桃红色、粉白色。

→ 常绿小灌木、小乔木，株高 2～4 米，常修剪成 1 米高矮篱。

栽种笔记 　　处理浆果类的种子，手指、衣服常会染上颜色，只要不具毒性，其实大可放心。动手留下的痕迹，并不脏，不会污染我们。

　　春不老一粒果实内含一粒种子，处理起来算是方便。小小圆圆的种子，粒粒要找出芽点排列，那就太费工了。随意撒播，均匀铺满盆土表面，任其自然生长，其实是我最爱的栽种方式！

　　让小朋友一起参与种子盆栽的种植过程，不需要太多知识性的问答，因为参与的本身就是一种学习。小孩有时反而是我们的老师，从孩子的自然反应，我们看到了自我，找回了纯真及简单的道理。

↑ 果实具极小的腺点。内含表面有直条纹路的种子。

■ **果实种子**：扁球形浆果，成熟时由红色转至紫黑色，直径约 0.6 厘米，内含约 0.3 厘米红褐色球形种子 1 枚。
■ **捡拾地点**：各地公园、校园、行道树旁。
■ **捡拾月份**：
南部
1 2 3 4 5 6 7 8 9 10 11 12
北部
1 2 3 4 5 6 7 8 9 10 11 12
■ **栽种期间**：春季。

↓ 1 年两次结果，果实成熟，可搜集紫黑色熟果及落果种植。

Seed growth

| 6 周 | 8 周 | 10 周 |

↑ 果实种子纵剖面，成熟果实白色芽点清晰可见。

栽种难度：

栽种要诀：紫金牛科植物长得慢，所以泡水催芽的时间较长。春天种植的话发芽率较高，长势也较佳。种子可置冰箱低温干藏约半年。

栽种步骤

1 剥除果皮、清洗干净。数量若多可置网袋内揉搓去皮。

2 种子泡水，每天换水以利催芽，10~14 天取出下沉种子。

3 培养土置入盆器约 9 分满，种子均匀撒播于盆土上。

4 种子密集平铺，勿重叠。

5 在种子上覆盖麦饭石，或碎石、彩石。

6 每天或隔天喷水 1 次，使种子保持充分湿润即可。

7 春季种下，大约第 7 周，嫩叶——由探高的种子上展开。

8 大约 8 周，绿叶长得愈来愈整齐。

9 4 个月后即长成。盆栽需光性高，水分也要足够才不易倒伏。

树杞

净化空气的好帮手

■**科名：** 紫金牛科
■**学名：** *Ardisia sieboldii* Miq.
■**英文名：** Siebold Ardisia
■**别名：** 万两金。
■**原产地：** 中国的台湾地区
的兰屿及绿岛、浙江、福
建和日本南部等。

植物解说　　树杞树干基部呈分枝成丛生状，无明显主干，幼嫩部分有褐色鳞片或茸毛。与春不老同为紫金牛科，同样细枝节基部膨大，树杞的叶较春不老的叶大且薄，两者皆常栽植作净化空气的树种。紫金牛科家族尚有小叶树杞、兰屿树杞等。

树杞的树冠是防风林的第一层树冠。树杞可种植成林，也可栽植成矮篱来美化庭园，它的木材可供建筑和做薪炭用，叶可做杀虫剂，根可消炎止痛。

竹东旧名为"树杞林"，"光复"初期，与丰原、中坜合称台湾地区三大镇，并与东势、罗东共为台湾地区三大林业集散地，可见树杞在当时的重要性。

↑ 单叶，互生，丛生枝端，长椭圆状或倒披针形，长约10厘米，革质。

↑ 春夏开花，白色花，小而多，复合聚伞花序或近似伞形花序，腋生。

→ 常绿小乔木，成株高可达10多米，树枝互生，开花的枝条基部膨大。

栽种
笔记

　　树杞与春不老的叶形很像，辨识重点在于春不老的新生叶为红色，树杞的是黄绿色。栽种于围篱的低矮灌木丛中的树杞不易开花结果，单独种植于公园生长成枝叶茂盛的乔木才可见果实累累。春末是捡拾其种子的好时机。

　　树杞的果实与种子像较大粒的春不老，新鲜的树杞种壳呈乳黄色，春不老种壳呈红褐色，两者的栽种过程相同。紫金牛科的种子发芽速度较慢，发芽率高，长势算均匀，很适合做种子盆栽。树杞的趋光性、需水性很高，适宜窗台光照充足处。栽种成一长排，还能修剪成小小的灌木林，是净化室内空气的好帮手。

■ **果实种子**：扁球形浆果，直径为 0.5～0.7 厘米，果熟后颜色由紫红色转为紫黑色，内含约 0.3 厘米米色球形种子 1 枚。

■ **捡拾地点**：竹东地区有大量种植，台北市芝山公园、北投公园，宜兰县苏澳冷泉公园，以及各地公园、校园、行道树旁。

■ **捡拾月份**：
`1` `2` `3` `4` `5` `6` `7` `8` `9` `10` `11` `12`

■ **栽种期间**：春季。

↓春季果实成熟，可搜集紫黑色落果种植。

↑果实较春不老稍大且硬。

↑果实种子纵切面。种子小，富含脂质。

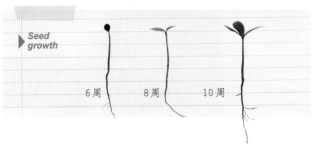

▶ Seed growth

6周　　8周　　10周

↑米色种子与春不老一样有纵状条纹。

栽种难度：

栽种要诀： 种子数量多可置网袋内揉搓。紫金牛科植物长得慢，可浸泡 1 周，置自封袋层积至发芽。春天种植的话发芽率较高，长势也较佳。盆栽需光量高，水分供给不足易倒伏。种子可置冰箱低温干藏约半年。

栽种步骤

1 剥除果实表皮，清洗干净。

2 大约浸泡两周，即可找适当盆器种植。

3 培养土置入盆器约 9 分满。

4 种子紧密地平铺于盆土上，勿重叠。

5 覆盖麦饭石等其他碎石，每日喷水使种子保持湿润。

6 大约 5 周，可见种子的根芽渐长。

7 大约 8 周，新叶——探出。

8 大约第 10 周，叶片展开，渐渐变得整齐。

9 盆栽属阳性，需光量、需水量皆高。

SUMMER

火龙果

文珠兰

穗花棋盘脚

面包树

番石榴

马拉

茄苳　　　芒果　　　鸡冠刺桐　　　姑婆芋

羊蹄甲　　　破布子　　　龙眼

夏种

火龙果
果儿红似火

■**科名**：仙人掌科
■**学名**：*Hylocereus undatus*（白肉品种）、*Hylocereus costaricensis*（红肉品种）
■**英文名**：Pitaya（Dragon Fruit）
■**别名**：红龙果、龙珠果、墨西哥仙人掌果。
■**原产地**：巴西、墨西哥，中美洲热带地区。

↑针状叶是仙人掌科的特色。

↑ 春、夏季为花期，白色花在夜晚 10 点～凌晨 1 点绽放，似昙花一现。

→ 三角柱状仙人掌科，肉质茎具攀附性，向四面八方延伸。

植物解说　　火龙果属仙人掌科，有别于沙漠植物，原生地为中美洲的热带丛林，为一种寄生于树表的寄生植物，约有 10 种品种，引进台湾地区栽培约有 20 年历史。过去台湾地区的火龙果多为越南进口。因为台湾地区生长环境适宜，加上果农技术纯熟，市面上可买到本土种植的白肉与红肉品种火龙果。另有一种黄皮白肉的金龙果，为高经济作物，中国台湾地区和危地马拉正进行技术合作，目前台湾地区市面尚无此种火龙果。

火龙果具备欣赏与食用的功能，含有一般植物少有的植物性白蛋白、水溶性甜菜素等，可以说是高营养价值的优良保健食物。

栽种
笔记

喜爱侍弄花草的朋友，逛逛花市，或许能见到一方"绿草皮"，紧密地伏贴在小小的盆器口，很引人注意。台湾地区的商家说是"仙人掌"，园艺别名"小可爱""小绿钻"其实就是火龙果。

多数人知道火龙果，但只有少数人知道火龙果是仙人掌科的果实，更鲜有人将细如芝麻粒的种子种植成盆栽。虽然火龙果易于取得，但要得到种子却颇为不易。为求果肉与种子彻底分离则需要高度的耐性。还好它发芽迅速。生根长茎叶期间倒也可以偷些懒，偶尔数日忘了浇水，也不会"罢工"，停止生长。如果说仙人掌是懒人朋友的初级伙伴，那么火龙果的种子盆栽可说是进阶伙伴。

■**果实种子**：椭圆形浆果，直径 10 多厘米，外表红色，果肉有红色、白色等，果实重 300～600 克，内含细如芝麻的黑色种子数千粒至数万粒。
■**捡拾地点**：水果摊有卖。
■**捡拾月份**：
1 2 3 4 5 6 7 8 9 10 11 12
■**栽种期间**：春、夏、秋三季。

↓夏季为果实盛产期，果熟时果皮呈紫红色，较少见黄色果皮的品种，食用价值和营养价值高。外皮有一片片突出肉质果皮。

↑果实纵切面。红肉、白肉品种皆可用来种植种子盆栽。

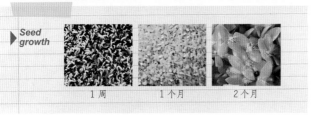

Seed growth

| 1 周 | 1 个月 | 2 个月 |

↑种子细如芝麻。

栽种难度：

栽种要诀： 腐败的果实仍可洗净取其种子种植。种子与果肉的分离过程极需耐心。种子可短期干藏，不耐久藏。种子发芽要立即移除保鲜膜。充足的日照可使植株紧密伏贴于盆器口，形成草皮效果。

栽种步骤

1 刮下果肉弄成为泥状，泡水浸润，软化果肉。

2 将果肉放进纱布袋内，反复搓揉、泡水，以去除果肉。

3 大约浸泡1天，即可找盆器种植，否则种子就会发芽啰！

4 培养土置入盆器约9分满，将种子含水均匀且紧密地撒播。

5 保鲜膜可保持湿度并便于观察，约隔两天喷水1次。

6 火龙果发芽快，大约1周，子叶就展开了。

7 大约第2周，叶片由浅绿色慢慢转至深绿色。

8 根浅，浇水量不宜多，保持湿润即可。第4周，已成绿油油的"草皮"了！

9 在火龙果喜爱的全日照环境下，约半年"绿草皮"就成了一片"小仙人掌园"。

文珠兰
蕙质兰心

■**科名**：石蒜科
■**学名**：*Crinum asiaticum* L.
■**英文名**：Poison Bulb
■**别名**：文殊兰、允水蕉、白花石蒜、十八学士。
■**原产地**：中国的台湾地区滨海沿岸和华南，印度、苏门答腊、日本等。

植物解说　　文珠兰与兰科植物其实并无关连，为石蒜科多年生草本大型花卉，是典型的海漂植物，具有植株矮化、生性强健、耐热耐旱、抗风耐盐等特性，是理想的滨海防风定沙植物。此外，由于属中性植物，很适合种植为庭园绿篱和用来做高级花材。

据说在冰河时期就有它的踪迹了，现今品种超过200多种，花淡雅芳香，有白花、红花、紫花等品种，台湾地区本土以白花较为常见。英文名称为"有毒的鳞茎"，因含石蒜碱等多种植物碱，全株以肉质鳞茎毒性最强。据文献记载，地下茎可捣碎敷在虫蛇咬伤处，但仍需慎用，切忌吞食。

↑ 螺旋状簇生排列的肉质叶，一丛丛恣意展开，宛如宽厚饱满的绿色花海。

↑ 花期，6～9月，20多朵伞形花序聚生于圆柱花茎顶端，仿佛摇曳生姿的舞者。

→ 多年生粗壮草本，成株可有约1米高，适宜温暖、湿度高、排水良好的环境。

↑文珠兰果实纵切面。

　　原生于滨海沙岸的文珠兰，就算在车水马龙的都会区也不难见到它的踪影，可见其对环境的适应力极强。这不禁让我联想到移民乔迁、四海为家的华人，正是具备了相同的特质，方能展现强韧的生命力。

　　种子较大不需泡水就能发芽。只要在室内采光好的明亮处，几乎怎么栽都能生得水灵灵。虽然与兰花无关，种子盆栽也无法见到开花模样，但修长挺立的肉质叶片，几乎与国兰的姿态异曲同工。摆放一盆于办公桌上、居室内，午茶闲暇之余，任随片刻宁静时光流转，渲染些文人雅士气息，就当是附庸风雅也心旷神怡。

■ **果实种子：**球形蒴果，直径 3~5 厘米，熟果呈褐色，开裂内含数粒不规则圆弧种子。
■ **捡拾地点：**各地公园、校园、安全岛、滨海沿岸。
■ **捡拾月份：**
1 2 3 4 5 6 **7 8 9 10** 11 12
■ **栽种期间：**春、夏、秋三季。

↓文珠兰的浅绿色种球，尚未成熟无法种植。

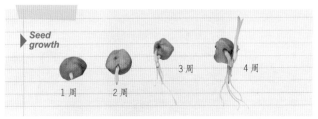

Seed growth

1 周　　2 周　　3 周　　4 周

↑ 果实成熟会随萎凋花茎垂落地面，1 粒种球内藏数粒大小不一、形状不规则的种子。

栽种难度：

栽种要诀：发芽率高，栽种几乎无难度，唯需避免肉质茎徒长软弱，需充足的光照。种子可置网袋存放阴凉处约半年，但贮藏不易，空气湿度若够即使阴放也能发芽。

栽种步骤

1 将种子掰开并清洗干净，泡水使种皮薄膜软化，易于清理。

2 挑选大小较一致的种子，将左边种子的凹凸、粗糙或有棱角的面朝下种植。

3 覆盖麦饭石，或其他彩石、水晶土，不需完全覆盖，这样可欣赏种子的美。

4 注满水，每天或隔天喷水1次，使种子保持充分湿润。

5 大约种植6周，可见种子的根芽渐长，肉质叶向上延伸展开。

6 大约第10周，水灵灵的，挺有国兰风范吧！

7 日照充足可避免肉质茎叶徒长倒伏，水培的盆栽最好在观赏1年左右后移植到花盆里改土培。

穗花棋盘脚
夏夜里绽放的烟花

- **科名**：玉蕊科
- **学名**：*Barringtonia racemosa*
- **英文名**：Small-leaved Barringtonia
- **别名**：水茄苳、水贡仔、细叶棋盘脚。
- **原产地**：中国的台湾地区，澳大利亚，亚洲热带地区、非洲，太平洋岛屿。

植物解说　　夜阑人静时，夜间生态里的演出正热闹缤纷地上演着，有阵阵花香扑鼻而来的是穗花棋盘脚，恒春半岛的人称它为"恒春肉粽"，在兰阳平原地区，它的俗名是"水贡仔"。夜晚开花，花朵由枝条叶腋一串一串垂挂成总状花序，花色有朱红、粉红、淡黄、乳白，花期可长达半年，开花1个半月果实即成熟。

果实富含纤维质，可借由淡水河川湿地漂流繁衍，常见于台湾地区南北两端的沟渠、溪岸。常绿、耐盐分，适合滨海地区作为防风林树种用。根系强健，耐湿，早年农民栽种为护堤植物，因平原过度开发砍伐，被生态团体列为保育树种，重新复育栽植。

↑ 新生叶由红褐色转绿色，单叶互生或丛生于枝条先端。

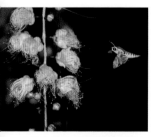

↑ 花朵绽放时扑来阵阵幽香，吸引夜蛾前来吸食花蜜协助授粉。

→ 常绿乔木，成株高度有10多米，典型的淡水沼泽湿地植物。

栽种笔记

　　有许多植物和我们是彼此不认识的。带孩子到户外学习，说是教学相长，受益最多的其实是自己。记不住穗花棋盘脚这个长长的名字，没关系，欣赏一串串似挂着的粽子般的果实，也挺有趣。

　　等待种子发芽的过程，心急无济于事，随意将一堆种子层积在一起，不知不觉中，"啥时根茎长出来了？"原来植物被设定了，在适当的条件和时机里，才会开花结果。

　　原来时时刻刻都该像一个孩子般发问，并且虚心受教，毕竟大自然浩瀚，我们所知有限。期待每一季的春暖花开、结实累累，期待每一次生命的礼赞、成长的更迭。

■**果实种子**：长椭圆四棱形核果，径长 3～4 厘米，熟果呈红褐色，果肉具纤维质，内含 2～4 厘米乳白色种子 1 枚。

■**捡拾地点**：台湾大学，新北市八里左岸，台中市立文化中心，宜兰五十二甲湿地，恒春半岛东岸牡丹溪口，以及各地港口、溪口。

■**捡拾月份**：

南部

| 1 | 2 | 3 | 4 | 5 | 6 | 7 | **8** | **9** | **10** | **11** | 12 |

北部

| 1 | 2 | 3 | 4 | 5 | 6 | 7 | 8 | **9** | **10** | **11** | 12 |

■**栽种期间**：春、夏、秋三季。

↓一条条垂挂的总状花序傍晚绽放，似夏夜烟花。午夜盛开，翌日凋谢。花期为 6～9 月，花序长 20～80 厘米。果期同时可见开花，8～11 月可捡拾落果。

Seed growth

2 周　　　3 周

←未熟果。

←熟果。

↑可搜集饱满的熟果种植。

↑果实种子纵切面，富含纤维质的果肉，保护种子顺利漂流。

栽种难度：

栽种要诀： 搜集较多种子后可采用避光层积法，待发芽后再种植。春季种植较秋季生长快。种子可干藏约半年。

栽种步骤

1 果实泡水浸润约 1 周，清洗干净，剥除果实表皮。

2 麦饭石，或其他碎石、彩石皆可，置入盆器约 9 分满。

3 将种子芽点朝下种植，也可平放种植。

4 注满水，每天或隔天喷水 1 次，使种子保持充分湿润。

5 大约 3 周，红色的茎探高。

6 大约第 4 周，可留意植物的向光性。有的种子会生长 2～3 枝茎。

7 4 个月成品。耐阴性佳，水培也适宜。

茄苳

重阳千岁

■**科名：**大戟科
■**学名：***Bischofia javanica* Blume.
■**英文名：**Autumn Maple、Red Cedar
■**别名：**重阳木、秋枫、红桐、乌阳、胡杨。
■**原产地：**中国的台湾地区和华南，印度、马来西亚，太平洋群岛。

↑ 叶为三出复叶，互生，叶缘有锯齿，1～2月红色新叶长出，老叶掉落，易于辨识。

↑ 花期，2～3月，雌雄异株，圆锥花序腋生，黄绿色小花，无花瓣，丛生于细枝末端。

→ 半落叶乔木，树皮赤褐色，树干粗糙不平，有瘤状突起。树冠为伞形，遮阴效果佳，为优良的行道树。成株高度为15～20米。

植物解说　　茄苳是台湾地区原生树种，遍布全台低海拔地区，不少地方以茄苳命名它。粗糙宽大的树干，树龄逾千年的老树，不知历经了多少景物变迁，被称为"重阳木"。到了秋天老叶转红掉落，所以，它又叫"秋枫树"。秋风扫落叶指的正是这般意境。

　　树形优美，树冠宽广，枝叶茂盛，树性强健，抗空气污染，为优良的遮阴树、庭院树及行道树。木材耐湿性强，木质致密，可制成水车、桶、乐器、家具、建材。叶子晒干可泡茶，果实成熟可腌渍及药用，将新鲜叶片塞入鸡腹中烹煮，就成为风味独特的茄苳蒜头鸡。

↑ 茄苳果实形状似缩小版的水梨。

　　记得小时候在家附近有棵老茄苳树，每当果实成熟的季节，午后时光总是有成群白头翁来觅食。雨季一来，老树下的壤土，冒出一株株小茄苳苗，喜好种植的"绿手指"，将小树苗移植至社区周边公园绿地，或许再过千年它们有幸能成为"重阳千岁"。台湾地区有句俚语"无话讲茄苳"，可见其与民间生活的贴近。

　　阳台有株三年生茄苳，猜想是飞鸟造访时留下的排泄物夹带了茄苳种子而长出来的，曾有一度疏于照料，现已重新发枝生长，对于植物顽强的生命力，内心深受触动。茄苳易栽种，病虫害少，生长迅速，很适合种子盆栽初学者来种植。

■ **果实种子**：球形浆果，长约 1 厘米，果熟后颜色由绿转为褐色，内含长约 0.5 厘米褐色种子 3 ～ 5 枚。

■ **捡拾地点**：台北市大度路、台中市中港路、高雄市鼓山路，以及各地公园、行道树旁。

■ **捡拾月份**：

1 2 3 4 5 6 7 8 9 **10 11 12**

■ **栽种期间**：春、夏、秋三季。

↓ 果熟期为 8 ～ 10 月，看起来像一串串褐色葡萄挂于枝叶间，是鸟类的最爱之一。可搜集落果种植。

↑ 果实纵切面。

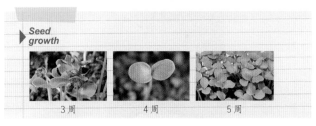

Seed growth

| 3 周 | 4 周 | 5 周 |

↑ 种子外有一层透明的半裹着的硬质种壳保护种子。

栽种难度：

栽种要诀：种子去壳比不去壳发芽快 1 周以上，生长也较整齐。种子耐低温，可置冰箱干藏半年以上，至秋播期再种植。

栽种步骤

1 剥除果肉洗干净。可先将果实泡水软化，再置入细网袋内搓揉、冲洗。

2 种子外有一层半裹着的像指甲的透明硬壳，可轻滚擀面棍，使种壳脱离。

3 泡水 1 周，每天更换干净的水以利催芽。捞除漂浮的种壳。

4 培养土置入盆器约 9 分满，将种子撒播于盆土上。

5 调整种子勿重叠，使种子分布均匀。

6 在种子上覆盖麦饭石，或其他碎石、彩石。

7 每天或隔天喷水 1 次，使种子保持充分湿润即可。

8 大约 3 周，子叶展开。小小的种子功成身退，被子叶撑开掉落。

9 约第 6 周本叶探出。喜高温多湿，需充足的光照。苗高约 5 厘米时可移植疏苗。

芒果

上帝赐予的美果

■**科名:** 漆树科
■**学名:** *Mangifera indica* L.
■**英文名:** Mango
■**别名:** 檬果、檨仔。
■**原产地:** 印度、马来西亚、缅甸。

植物解说 　明代李时珍称芒果为"果中极品",台湾地区的芒果是400年前由荷兰人引进栽种的。芒果的名字来自南印度泰米尔语,印度视其为国果,也是其产量最大的国家,每年夏天,首都新德里会举行芒果节,展出的芒果有400多个品种。

芒果性喜高温多湿的气候,台湾地区的芒果品种以产期区分,早熟品种有柴檨(土芒果)、爱文、海顿;中熟品种有金煌、玉文(红金煌)、台农1号;晚熟品种有圣心、凯特等。在树上成熟后采收的果实,俗称"在欉黄",品质最好。采收后放置两三天,使淀粉质完全转化成果糖,果肉更加香醇。

↑ 螺叶长椭圆形、披针形或长披针形,厚纸质,全缘或波状缘,揉搓有芒果香。

↑ 花期,1~4月,圆锥花序,两性花,小花多数,黄褐色,顶生或生长于枝条先端叶腋。

→ 多年生常绿大乔木,树高可达20米,树冠呈球形,枝叶具白色乳汁。叶互生,丛生于小枝条先端,新生叶呈紫红褐色。

栽种笔记

剪开芒果种子取出种仁，发觉种子受到层层保护，种仁与种子彼此有条"脐带"相连，种仁的样子极似动物胚胎初期，种子与孕育生命的子宫异曲同工，对此除了赞叹还是赞叹，大自然如此神奇，值得思量。

很感谢六姊一整年供应各种当季水果，原本设想种一大盆芒果盆栽，泡水过久来不及处理，许多种子发臭坏死，种植后有些种子发霉，有些生长过快过高，很不一致，计划赶不上变化，想来室内的种子盆栽数量已超过负荷。

另外，长黑点的过熟芒果，通常种子也发芽了，清洗干净就可以直接种植了。

■ **果实种子**：肾形核果，果长依品种不同差异甚大，果熟后颜色有绿、黄、红等，内含米色扁肾形种子1枚。

■ **捡拾地点**：台北市和平东路，台南县市，屏东县市，高雄市，以及水果摊有卖。

■ **捡拾月份**：
1 2 3 4 5 6 **7 8 9 10** 11 12

■ **栽种期间**：夏、秋两季。

↓芒果品种多，成熟期因品种而异，每年5～10月均可吃到芒果。

↑不同品种，果实大小、颜色不同，金煌果大，果肉多汁富有弹性，有的重达2.5公斤。

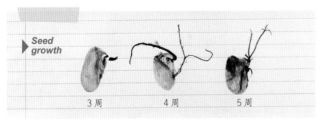

Seed growth

3周　　　4周　　　5周

↑种壳富含纤维质，种壳内有层透明纸质防水膜，种仁有1条"脐带"连接种壳。

栽种难度：

栽种要诀： 早熟型土芒果长势和外观较佳；晚熟型如凯特芒果，叶子徒长不够美观。过熟的芒果可短暂冷藏，去壳的种子泡水发芽较快。可适度修剪生长过长的茎枝。种子为异储即播型，不耐干燥。

栽种步骤

1 将种子外的果肉清理干净，避免发霉与招虫蝇。

2 种子泡水 1 周，每天换干净的水，开裂发芽即可种植。

3 也可直接将未开裂种壳的侧边发芽位置小心剪开，加速发芽。

4 取出种仁检查，发育不良、软烂发黑、有霉腐味的都要淘汰。

5 剥除种皮薄膜，芽点清晰可见。

6 培养土置入盆器 8 分满，种子芽点朝下埋入土中并覆盖麦饭石等其他碎石。

7 每天或隔天喷水 1 次，使种子充分保持湿润。

8 大约 1 周，可见种子转绿，茎叶渐长。

9 芒果生长速度快，种植 1 个月即是成品，空种壳可插入土中装饰。耐阴性佳，土培、水培皆宜。

鸡冠刺桐

但愿刺桐花常开

■**科名:** 豆科 / 蝶形花科
■**学名:** *Erythrina crista-galli* Linn.
■**英文名:** Cockspur Coralbean
■**别名:** 海红豆、冠刺桐、象牙红。
■**原产地:** 巴西。

植物解说　　鸡冠刺桐是阿根廷和乌拉圭的国花，属名源自希腊文"erythros"，为红色之意，夏季鲜红色的总状花序相当抢眼。在1930年后引进台湾地区，广泛栽植于全台。直根系，固氮作用形成根瘤，树性强健、生长旺盛，为海岸防风优良树种，树皮可药用。

目前台湾常见的刺桐种类另有：刺桐、黄脉刺桐、珊瑚刺桐、毛刺桐、马提罗亚刺桐、火炬刺桐、蝙蝠刺桐等。2003年刺桐釉小蜂入侵，快速蔓延，全台刺桐树几乎遭感染。亚热带地区刺桐属植物已被广泛侵害，许多老树因叶面布满虫瘿而枯死，至今仍在抢救防治中。

↑叶为三出复叶，散生或无针刺，小叶卵形或长椭圆形，小叶基部有一对腺体，纸质。

↑花期，4~10月，总状花序，花多数，朱红色，像鸡冠，花序顶生于有叶的枝条上。

→ 落叶小乔木，高3~10米，具有多数分枝，小枝具针刺，老熟后脱落，树皮有不规则深裂痕。

↑种子受种荚保护，果熟后开裂，一分为二。

　　原本我对有毒、长刺的植物总是敬而远之，自从种了种子盆栽，就不那么畏惧了。多年前得知各地老刺桐树遭到釉小蜂侵害，无法开花结果，甚至枯死，作为保护屏障的刺也起不了作用，所以不免想对刺桐属的植物尽一点绵薄之力，去种植它。偏好多刺植物的朋友，除了仙人掌科、多刺玫瑰，不妨试试刺桐。

　　鸡冠刺桐与水黄皮同为蝶形花科植物，都是子叶留土，幼苗纤细柔软。鸡冠刺桐属阳性木本植物，日照不足徒长显著，很像攀缘的草本植物，宜种植在窗台、阳台等位置，适宜欣赏其种子森林，待日后植株健壮再移盆来独株种植。

■**果实种子**：荚果，长10多厘米，果熟后颜色为深褐色，内含长约1厘米深褐色种子2~6枚。

■**捡拾地点**：台北市内湖路一段、台中市中正公园、高雄市凹仔底森林公园，以及各地公园、校园、行道树旁。

■**捡拾月份**：
1 2 3 4 5 6 7 8 9 10 11 12

■**栽种期间**：夏、秋两季。

↓果期为5~11月，木质荚果，成熟后会开裂。可搜集未开裂的种荚，待其自然开裂后种植。

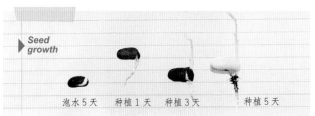

Seed growth

泡水5天　　种植1天　　种植3天　　种植5天

↑木本的豆科种子与草本豆子相似，豆脐明显。

栽种难度：

栽种要诀：种子泡水浮起为正常现象，种皮膨胀开裂可剥除种皮种植，鸡冠刺桐属阳性植物，需充足的日照，否则易徒长。种子可干藏。

栽种步骤

1 挑选饱满的种子洗净泡水，种子会浮在水面，每天换水以利催芽。

2 浸泡 3~7 天，有的种子会膨胀约 1 倍，有的不见动静，种皮开裂的芽点清晰可见。

3 挑选窄口深盆器种植可使植株集中。

4 培养土置入盆约 8 分满，将种子芽点朝下种植（示范图中的种子未去种皮）。

5 在种子上覆盖麦饭石，或其他碎石、彩石。

6 大约两天浇水 1 次即可。

7 大约 1 周，浅绿色叶片探出，长茎叶后需充足的日照。

8 大约两周，新叶又多了些，生长快速。25 天后，三出复叶明显，有纤细柔软的气质美。茎日后会长出软刺。

姑婆芋

心形大绿伞

- ■**科名：**天南星科
- ■**学名：** *Alocasia macrorrhiza* (L.) Schott & Endl.
- ■**英文名：** Giant Elephant's Ear
- ■**别名：** 山芋头、天荷、木芋头、野芋头、观音莲、海芋、细叶姑婆芋
- ■**原产地：** 中国的台湾地区、东南亚、马来群岛、澳洲。

↑ 叶片广卵状心形或半盾状，长可至 100 厘米，叶柄长，叶鞘基部可积水。叶面浓绿富光泽。

↑ 花期在春季。佛焰苞肉质花序，雄花上部，雌花下部，中央为中性花，花白色。

→ 多年生直立性草本，高可至 1 米，茎肉质粗壮呈圆柱形。

植物解说　　姑婆芋分布于全台 2000 米以下中低海拔山区林下、河边、阴湿野地，叶形与芋头极相似，全株及汁液皆含毒性，以根茎毒性较大。被有毒植物"咬人狗"和"咬人猫"不慎"咬"到的话，附近应该不难找到姑婆芋，这时可切断姑婆芋的肉质茎取液体涂抹，它所含的生物碱亦毒亦药，正是克制"咬人狗"和"咬人猫"酸性毒的良药。

农业社会时姑婆芋偌大的叶片，可包裹售卖的生鱼、生肉、豆腐等，或临时遮阳遮雨用。全草捣碎，可治疗虫蛇咬伤、皮肤肿胀等外伤，有清热解毒的功效，目前则多作为美化庭园造景的大型草本观叶植物被使用。

栽种笔记

我从小居住在郊区，下雨时偶尔会折下一朵心形大叶遮雨，看着晶莹剔透的水珠在叶面上滚来滚去，最后集中在叶中的凹槽里，从水面看着自己的倒影，幼小的心灵觉得有趣又美丽。

姑婆芋红色鲜艳的果实，可提醒人不要误食。介绍一个分辨姑婆芋和芋头的方法：姑婆芋叶面光亮，芋头有细绒毛，将水洒在叶片上，扩散成一摊水的是姑婆芋，水滴聚成颗粒状的则是芋头。

喜欢姑婆芋大大咧咧的姿态，很有丛林的感觉，戴上手套处理红色果肉，把庭园的种子"移驾"至盆里种植，与植物共处一段美好时光后，可再移至庭园野放。

■**果实种子**：浆果球形，径约 0.5 厘米，果实红色，内含约 0.2 厘米米色种子 2～3 粒。
■**捡拾地点**：各地林间野地、社区庭园里。
■**捡拾月份**：
1 2 3 4 5 6 **7 8 9** 10 11 12
■**栽种期间**：夏、秋两季。

↓夏季果实成熟，鲜红欲滴，果实亦毒亦药，茎与种子皆可繁殖。

↑红色浆果内含水滴球形种子。

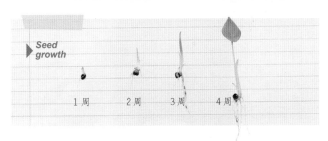

Seed growth

1 周　　2 周　　3 周　　4 周

↑ 果实成熟，花苞子房会由上而下开裂，子房内含红色浆果数十粒。

栽种难度：

栽种要诀：处理果实种子时记得戴上手套。初期种植时适宜在阴凉明亮处。植株过于密集可疏苗。日照充足可避免肉质茎徒长。种子泡水久易腐烂，新鲜时宜立即播种。

栽种步骤

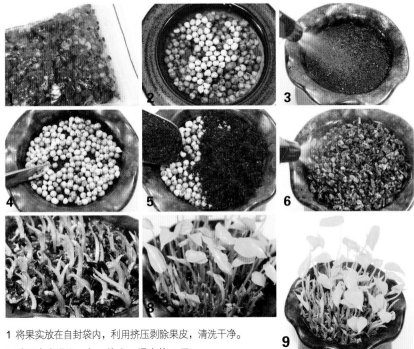

1 将果实放在自封袋内，利用挤压剥除果皮，清洗干净。

2 种子泡水浸润，每天换水，浸泡约1周。

3 培养土置入盆器约9分满，可先将盆土喷湿，以便让种子附着。

4 种子撒播在盆土上，以镊子铺平。

5 种子上可覆一层薄薄的培养土。

6 覆盖麦饭石，或其他碎石、彩石，每天适量喷水。

7 大约第2周，尖尖的、像小嫩笋的肉质茎叶探出。

8 大约3周半，嫩绿叶片展开成小小的长心形。

9 耐阴、耐湿性佳，窗台日照可使叶片更浓绿宽大。土培、水培皆宜。

面包树
树大便是美

- **科名：** 桑科
- **学名：** *Artocarpus incisa* (Thunb.) L. f.
- **英文名：** Bread-fruit Tree
- **别名：** 罗蜜树、面包果、马槟榔、vacilol（阿美族语）、cipoho（达悟族语）
- **原产地：** 波利尼西亚和它的塔希提岛，马来西亚。

植物解说　　面包树在清代由南洋地区引进台湾地区，各地普遍栽培，目前主要分布于东部及兰屿，达悟族语"cipoho"为黄色木材之意，是良好的行道树、庭园遮阴树、防尘树树种。面包树与菠萝蜜果形相似，果实皆硕大，一颗就能造福许多昆虫动物，让它们饱食。

　　一株面包树一年可结果实约 200 颗，果型大，产量也大，原产地的部落族人以此为主食，据说整个果实经过烘烤或炸熟后，有面包香味，故称面包树。果肉可切块煮食，种子可做各种料理，味如花生。

　　药用部分为果实、茎、枝、根。木材轻软且耐用，具有抗白蚁和海虫的特性，可供建筑用，海岛居民用于制作独木舟。

↑ 叶互生，革质，阔卵圆形，羽状深裂或全缘，中肋侧脉明显，叶里脉有毛，托叶为大三角形，有毛易早落。

↑ 花期，4～6 月，兰屿的为 3～4 月，雌雄同株，雄蕊极小，穗状花序，密集而成棍棒状，雌花花被筒形或球形。

→ 树冠伞状，株高可达 10～15 米，全株含有乳汁。

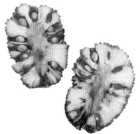

↑果实肥大，肉质，果肉可煮食。1颗果实有30~80粒种子。

栽种笔记 从小每年亲戚会从花东寄来"vacilol"，看着母亲削掉有白色乳汁的果皮，果肉与种子加一点小鱼干或排骨煮汤，风味口感很清爽，虽然吃不出面包香味，却有着满满的亲情温暖。

此次出书，有几项植物无论如何要坚持放入书中，面包树就是其中之一，并且专程至市场买大约8分熟的面包果来拍摄种植过程。面包果不耐存放。果实熟软后，种子更容易取出，否则得处理果皮黏黏的乳胶，挺麻烦的。著名的《小王子》中提到的猴面包树，指的是木棉科的猢狲木，是目前地球上最粗大的树木，与面包树是完全不同的树种，有机会也很想试种看看。

■**果实种子：** 球形复合果，径长10多厘米，果熟后颜色呈金黄色，内含长约1厘米水滴形种子数十粒。

■**捡拾地点：** 台北市北投公园及美仑公园、台中市科博馆、高雄市卫武营都会公园，宜兰、花莲、台东各地普遍种植区，以及传统市场有卖。

■**捡拾月份：**
`1 2 3 4 5 6 7 8 9 10 11 12`

■**栽种期间：** 夏、秋两季。

↓7月下旬~8月，果熟；兰屿，6~7月，果熟。可搜集落果种子种植。

| 1周 | 2周 | 3周 |

Seed growth

↑果实纵切面。果熟时果皮开裂，露出橘红色假种皮，种子包覆于橘红色假种皮内。

栽种难度：

栽种要诀：种子发芽容易，大约种植1周就可发芽。不耐湿，无孔盆器种植需留意水分。种子为异储型，不耐低温干藏，宜新鲜便立即播。

栽种步骤

1 洗净种子，泡水浸润，需大约3天，每天换水以利催芽。

2 培养土置入盆器约8分满，种子芽点朝下种植，间距宜宽。

3 覆盖麦饭石，或其他碎石、彩石。

4 每天或隔天喷水1次，保持充分湿润即可，切勿积水。

5 大约种植3周，茎叶已伸展，新生叶下有小小的三角形托叶。

6 大约5周，本叶展开。

7 大约第6周，茎叶又长高长大了些。

8 两个月成品。宜光照充足，适合放在阳台边。

番石榴
子孙满堂

■**科名**：桃金娘科
■**学名**：*Psidium guajava* Linn.
■**英文名**：Guava
■**别名**：芭乐、鸡屎果、秋果、那拔、番桃、扒仔。
■**原产地**：美洲热带地区。

植物解说　番石榴分布于全世界的热带及亚热带地区，因似石榴多子，且为国外引进而得名。据悉台湾地区于1694年就有栽培记录，1915～1918年自夏威夷引入优良品种，1929～1937年栽培最盛，台湾地区"光复"后又经改良、引进和选种，成为台湾重要经济果树，品种有珍珠拔、廿世纪拔、水晶拔、泰国拔、宜兰白拔、无籽拔、红肉拔等，中山月拔、梨仔拔适合用来做食品加工。

药用：干果及叶可止泻痢和治糖尿，果皮多食易便秘但对糖尿病亦有疗效，鲜叶捣敷可治外伤等。

栽培可用播种、嫁接、扦插、压条法，但播种的树苗仅做砧木，日后需再嫁接优良品种，产季调节四季皆有结果。

↑叶对生，长椭圆形或卵形，革质，表面光泽，绿色，背面颜色较淡，散生细柔毛。

↑花期，3～5月，花单生或呈聚伞花序排列，花白色，略具香味，花丝细长，线形。

→ 常绿小乔木，高2～10米，树干多弯曲，树皮褐色，易脱落呈光滑状。

↑果实横切面，种子排列似
5瓣花朵的形状。

　　芭乐的种子盆栽发芽率很高，分离种子与果肉的过程像火龙果的，需要耐心地泡水搓揉，播种后需保湿加充足的光照，5周即能成长得像一片小草皮，8周就能成为"小森林"，但此阶段需光性高，幼苗易倒伏，最要留心照料。

　　栽种后因为面临果蝇的危害，必须移植、换土、驱虫、重种。但一时疏忽未疏苗，一段时间后它们竟又凋萎、稀稀疏疏，一试再试都不行了。最后幼苗好不容易生长到令人满意的高度，此时终于可以辨识芭乐的叶形了，感谢上帝借此机会，让我们学会谦卑经历到恒久忍耐后终会见到好结果。

↓依品种不同，夏季 50~90 日果熟，冬季 100~115 日果熟。

↑纵切面的种子排列似心形。

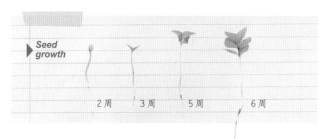

Seed
growth

2 周　　3 周　　5 周　　6 周

■ **果实种子**：浆果梨形，径长 10 多厘米，熟果呈黄绿色，内含 0.1 厘米米色种子数十粒。
■ **捡拾地点**：水果摊售卖。
■ **捡拾月份**：
1 2 3 4 5 6 7 8 9 10 11 12
■ **栽种期间**：春、夏、秋三季。

↑种子坚硬细小，需光性高，可经由鸟类等动物啄食后排泄的粪便繁衍。

栽种难度：⬤⬤⬤⬤⬤

栽种要诀： 挑选熟软的果实更易取得种子。种子若仍附着果肉，可泡水使果肉软化。种子发芽应立即移除保鲜膜。番石榴的种子盆栽需充足的日照。根茎纤细，不耐移植。适度疏苗"小草皮"可长成"小森林"。种子可置自封袋短期干藏。

栽种步骤

1 用汤匙将种子从果肉里刮离。

2 以筛网反复揉洗至果肉被清除干净。

3 每天换水浸润约 1 周。

4 培养土置入盆器约 9 分满，种植时种子要平铺均匀。

5 两天喷水 1 次。

6 在种子上覆盖保鲜膜，可保湿、透光，以利发芽。

7 大约 1 周，可见细小的茎将种子顶高。但要留意果蝇来产卵。

8 大约第 5 周，"小草皮"形成了，想象一下徜徉在"草皮"上多惬意。需充足的日照。可适应室内明亮的光源。

9 种植半年。适度疏苗，形成了高低错落的"小森林"。

马拉巴栗
编织发财梦

- ■**科名：**木棉科
- ■**学名：**Pachira macrocarpa (Cham. & Schl.) Schl.
- ■**英文名：**Malabar Chestnut
- ■**别名：**大果木棉、美国花生、美国土豆、南洋土豆、发财树。
- ■**原产地：**中美洲的墨西哥和哥斯达黎加、南美洲的委内瑞拉和圭亚那。

植物解说　　马拉巴栗于 1931 年引进台湾地区栽培，大约在 1986 年有一对货柜车司机夫妻，将马拉巴栗幼苗编扎成辫子状，命名为"发财树"出售，从此带来了市场热潮，并成为了日本与东南亚最普遍的园艺观赏植栽之一，替台湾地区带来了不少收益。

终年常绿，易于植栽管理，耐旱、耐阴、室内室外皆宜，可塑形成各种盆景造型，台湾地区普遍栽种，多作为园景树及室内植物被栽培，是馈赠送礼、开幕志庆最常见的木本盆栽植物，木材可做木浆及纸浆原料，根可做造纸胶料或糨糊，种子可食，名为"美国花生"，但口感没有花生紧实和美味，树皮与根可药用。

↑ 掌状复叶，互生具长柄，小叶 5~7 枚，纸质。迎风摇曳时似在招手。

↑花期，1~3 月，7~9 月，花腋生，黄绿色花瓣 5 枚，雄蕊花丝为白色，甚长，花朵淡吐清香。

→ 常绿乔木，树高可达 15 米，树皮为绿色或褐绿色，枝条多为轮生，水平伸展。

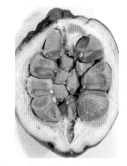

栽种笔记 　　有许多人自认为是植物杀手，其实是没种到适合的植物，也有不少朋友觉得栽种种子盆栽难度太高。所以，如果你经常会忘了浇水又不挑款式，马拉巴栗倒是不错的选择，随便怎么种，长得又快又好。

　　3 岁小儿很喜欢参与大人的事情，但多是 3 分钟热度。偶尔会让小儿帮忙播种、浇水，外拍植物生态时也一起带出去。那天去逛社子花卉广场，小儿说认识马拉巴栗、穗花棋盘脚等植物，店员便随机抽考，问他马拉巴栗在哪里？没想到他很快就认出来了。没刻意教小儿植物的辨识，但孩子的学习吸收能力，就和马拉巴栗的成长一样惊人。

↑果实有明显的 5 条纵纹，果熟落地时果壳会开裂成 5 瓣。

■ **果实种子：**蒴果，长椭圆形，长 7~10 厘米，熟果呈木褐色，内含长约 1.5 厘米米白色肾形种子 10~20 粒。

■ **捡拾地点：**各地公园、校园、行道树旁。

■ **捡拾月份：**
1 2 3 4 5 6 7 8 9 10 11 12

■ **栽种期间：**春、夏、秋三季。

↓ 1 年结果两次，果实大小如番石榴，木质化蒴果，内含少许棉絮，据说种子是赤腹松鼠的最爱。

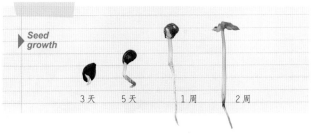

▶ Seed growth

3 天　　5 天　　1 周　　2 周

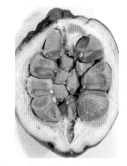

↑ 果实切面。每一粒种子，都有机会生长成数棵小苗，种子外种皮有白色条纹。

栽种难度：

栽种要诀： 新鲜种子发芽率高，初期浇水宜少不宜多，否则易腐烂。种子为多胚体，可剥除种壳内的小胚芽另外栽种。种子为即播型，落果 1 个半月后发芽率渐渐降低。

栽种步骤

1 将种子外表的棉絮清洗干净。

2 泡水浸润，1～2 天见到开裂发芽，即可找盆器种植。

3 培养土置入盆器约 8 分满，种子芽点朝下种植。

4 在种子上覆盖麦饭石，或其他碎石、彩石。

5 每天或隔天喷水 1 次，使种子保持充分湿润。

6 大约 5 天，即可见到种子的根芽渐长。

7 10 天后，子叶——脱离种壳。

8 大约第 2 周，多胚体的种子小苗，高低错落。

9 3 周时掌状本叶展开，呈现多层次的美感。需水量少，偶尔忘了浇水也能茁壮成长。

羊蹄甲

小羊儿　喜洋洋

■**科名**：豆科
■**学名**：*Bauhinia variegate*
■**英文名**：Orchid Tree, Mountain Ebony
■**别名**：马蹄豆、兰花木、南洋樱花、印度樱花、香港樱花。
■**原产地**：中国大陆，印度，马来半岛。

↑ 单叶互生，肾形或蹄形，长约 15 厘米，先端深凹裂、钝而圆，革质，黄昏入夜时叶片会合上睡觉，很特别。

↑ 花期，2～4 月，总状花序，花腋生，花瓣桃红或粉红，盛开时花多叶少。

→ 落叶小乔木，株高 4～6 米，花朵盛开期间，满树缤纷，桃红一片。

植物解说　　羊蹄甲为落叶小乔木或大灌木，大约于 19 世纪末引进台湾地区种植，树性强健，适宜排水良好、阳光充足的环境，为行道树及庭园常见的观赏花木，因叶片先端分叉开裂似羊蹄而得名，经常与洋紫荆、艳紫荆搞混，但可从叶、花来简易辨识。羊蹄甲叶先端钝而圆，春天开花，盛开时几乎不见绿叶。根部可药用。

羊蹄甲与洋紫荆在全台地区普遍种植，洋紫荆在中、南部种植较多，另有"南部杜鹃花"之称。艳紫荆大约在 1967 年从香港引进台湾地区种植，花朵艳丽、硕大，又称"香港兰花树"。三种花花形远看似樱花，近看似嘉德利亚兰，英文名都是"兰花木"。

小时候不知道羊蹄甲的名号，看着一片片似绿色蝴蝶的叶片，总是称之为"蝴蝶树"，毕竟羊蹄离我们生活较遥远。日后喜爱种子盆栽，才恍然大悟，原来家附近邻居种在路旁的那株只开花不结果的老树是——艳紫荆，也就是羊蹄甲与洋紫荆的扦插、嫁接或自然杂交而成的品种。透过种植种子盆栽，轻易就让植物与生活联结在了一起。

羊蹄甲的种植与生长过程与洋紫荆的相同，从外观也难以分辨出羊蹄甲和洋紫荆。但羊蹄甲前叶较圆，洋紫荆前叶稍尖。

一串串小小的羊蹄叶，一到黄昏入夜时，全都整齐地合上乖乖"睡觉"了，提醒着我们该是休息的时候了。

↓ 种荚扁平，长短不一。果实成熟后会在树上扭曲开裂，然后种子落下，可搜集果荚与散落的种子种植。

↑ 成熟的种荚，经过日晒会自然扭曲开裂，种子可借弹力传播出去。

■ **果实种子**：果荚扁平，硬革质，果熟后颜色由深绿色转变为黑褐色，内有长约1厘米扁圆形深褐色种子5~15枚。

■ **捡拾地点**：新北市中正桥河堤公园、高雄市九如路，泰安休息站，以及各地公园、校园、行道树旁。

■ **捡拾月份**：
1 2 3 4 **5** 6 7 8 9 10 11 12

■ **栽种期间**：春、夏两季。

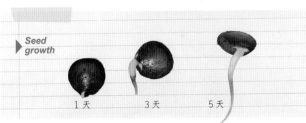

Seed growth

1 天　　3 天　　5 天

↑ 种子平滑，像一粒粒围棋棋子。

栽种难度：

栽种要诀：泡水 1 日后浮起的种子请淘汰。种子可浅埋于盆土中，欣赏子叶的美。长茎叶后，水分需求高，移至全日照环境，长势会较佳。种子可短期干藏。

栽种步骤

1 洗净种子，泡水 1 天后，淘汰浮起的种子。

2 沥干种子，置入自封袋层积 2～3 天，即见种子膨胀，生根芽。

3 挑选根芽长度较一致的朝下种植。

4 每天或隔天喷水 1 次，使种子保持充分湿润即可。

5 大约种植 1 周，子叶展开，可轻轻摘除种皮。

6 大约两周，嫩黄茎整齐探出，开始伸展。

7 大约第 3 周，叶片由浅黄色转至浅绿色。

8 长茎叶后移至全日照环境会长势较佳。入夜可观赏叶片合上的样子。

9 短短 1 个月，就长得又快又美！大小朋友一起来种吧！

破布子
烹煮美味菜肴的配角

■ **科名：** 紫草科
■ **学名：** *Cordia dichotoma* G. Forst
■ **英文名：** Bird Lime Tree
■ **别名：** 树仔、破布木、破子、树子仔、破果子。
■ **原产地：** 中国的台湾、广东、福建、海南，菲律宾、印度、马来西亚和澳洲。

植物解说 据说因破布子老叶的鳞痂看起来像破布而得名。它的适应性强，耐旱耐瘠。台湾地区以南部栽培较多，花莲、台东栽培面积也在迅速增加，其他各地亦有零星栽培。破布子依花的颜色分紫花种及黄花种，全株幼嫩部分，有褐色绒毛，新芽长出后约 20 天，小花绽放，随即结果，中果皮富有黏性，昔日农村里调皮的孩童会拿去粘蝉玩乐。

常听到的"甘味树仔"即为破布子，南部人常煮熟腌渍，以小碗作为模型制成丸饼，或用来蒸鱼和捣碎炒蛋等。树皮、根、果实各有不同的药用效果。可制作植物型绿褐色染料。

↑ 单叶互生，叶片卵形、卵圆形至卵心形，纸质，全缘或略呈波状缘，表面略粗糙常有鳞痂，背面沿主脉有毛茸。

↑ 2～3 月开花，腋生双叉聚伞花序，花多小数，黄白色或淡紫色，花序、花柄有茸毛。（图片：庄溪老师/提供。）

→ 落叶中乔木，高可达 15 米，树皮呈灰白色，老茎有明显裂痕，新生枝干有明显的白点。

第一次吃破布子蒸鱼时，一口咬下破布子，没想到柔软的小果实里竟藏着坚硬的种子，虽然略嫌麻烦，吸吮破布子果实，同时感受着乡下阿嬷淳朴勤俭的生活态度也很有一番滋味。

铭传大学生物科技系在破布子中发现新的乳酸菌种，命名为"pobuzihi"，或许能发现破布子新的食用价值。

处理破布子较麻烦的是其果皮丰富的黏液。可先阴干果实后再取子，或者将种子浸泡在水中，以滤网反复搓揉剥除果肉。

种子的子叶与母叶外形大不同，褶皱波浪的子叶，形状似宽叶福禄桐的，种成小盆栽欣赏，讨喜且亲切感十足。

↓ 果期为4~8月，可采集果实腌渍，搭配各式中式菜肴。烹煮吃时需吐出种子。

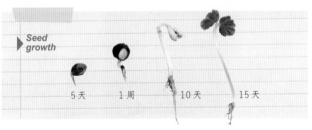

■**果实种子**：球形核果，径长约1厘米，熟果呈粉红色，内含约0.5厘米黄褐色种子1枚。

■**捡拾地点**：全台普遍栽培，传统市场有卖。

■**捡拾月份**：
1 2 3 4 5 6 **7 8 9** 10 11 12

■**栽种期间**：夏、秋两季。

↑破布子果实。

↑外果皮薄，中果皮多汁透明，含乳白色黏液。

↑内果皮坚硬有皱纹。种子比梅子小，种壳坚硬似梅子。

栽种难度：

栽种要诀： 果肉的处理可参考栽种笔记。种植条件、排水及日照都要良好。种子可低温干藏约半年，超过 9 个月发芽率会迅速降低。

栽种步骤

1 剥除果皮，洗净种子，泡水浸润约 1 周，每天换水。

2 将种子尖端芽点朝下种植，看不出芽点可平放。

3 培养土置入盆器约 9 分满，种子间隔宜宽些。

4 在种子上覆盖麦饭石，或其他碎石、彩石。

5 每天或隔天喷水 1 次，使种子保持充分湿润即可。

6 大约种植 15 日，小小的扇形子叶对称展开。

7 破布子树为子叶出土发芽后长成的。生长速度快且整齐。

8 大约 5 周，互生本叶探出。

9 可适应室内充足的光照。

龙眼
花开富贵

■**科名:** 无患子科
■**学名:** *Euphoria longana* Lam.
■**英文名:** Longan
■**别名:** 桂圆、福圆、牛眼、圆眼、羊眼果树、亚荔枝。
■**原产地:** 中国的华南地区, 亚热带地区。

↑叶互生, 偶数羽状复叶, 小叶 2~6 对, 长椭圆形或长椭圆状披针形, 革质。

↑3~4 月开乳白色小花, 圆锥花序顶生或腋生, 花单性与两性。

→ 常绿中乔木, 高 5~10 米。炎炎夏日, 大树绿荫浓密, 还能帮助净化空气。

植物解说 龙眼的名字由来已久, 因为珍贵而又有"福圆""桂圆"的别称, 据载西汉时期已为贡品, 约在清康熙年间引进台湾地区。台湾地区中南部夏秋多雨、冬春干燥, 低海拔山地龙眼果园种植成林。花开的季节, 香气远播, 蜜蜂采蜜授粉, 也是蜂农丰收的季节。夏季结实累累, 晚熟品种 10 月可采收。台湾地区民间有一传说:"龙眼多, 台风多"。

龙眼的产季紧随着同为无患子科的荔枝的产季, 两种水果常被相提并论, 也都是荔枝细蛾的最爱, 必须于收成前一段时间定期施药才能降低病虫害。龙眼蜜与龙眼肉可加工成各种食品与民生用品。

栽种笔记

　　台湾地区真是水果的宝岛，"农改"后用心经营，水果种类繁多，龙眼栽培种就有20余种。龙眼和荔枝都属燥热水果，体质容易上火的人，最好放冰箱冰镇过再吃；天冷时来杯热乎乎的桂圆红枣茶，既暖胃又养生。

　　为了要种大盆的龙眼种子盆栽，邀请亲友邻居努力吃，再请大家留下种子。

　　龙眼与荔枝的种子盆栽很相似，只是龙眼植株叶形较小、革质叶稍硬，满满一盆种子"小森林"，粉红、淡黄、黄绿、绿，叶色缤纷富有层次感，即使不去讲求排列整齐的美感，在万绿丛中也是很抢眼的盆栽。感谢大自然的创造者，让一切显得如此美好。

↑龙眼果实切面。食用部分是假种皮，白色透明，肉质多汁甜美。

- **果实种子**：球形核果，长约2厘米，熟果为土褐色，内含约1厘米黑褐色球形种子1枚。
- **捡拾地点**：台北市北投中和路，中南部果园，花莲、台东、高雄、屏东农村行道树旁，以及水果店也售卖。
- **捡拾月份**：
  1 2 3 4 5 6 7 8 9 10 11 12
- **栽种期间**：夏、秋两季。

↓7~8月果熟，外皮粗糙，着生枝结实累累。

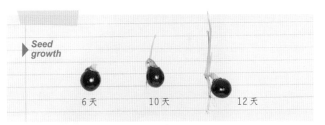

Seed growth

6天　　　10天　　　12天

↑褐色芽点即为胚根（根）、胚轴（茎）、胚芽（叶）生长点。

栽种难度：

栽种要诀： 龙眼芽点朝上种植，目的是求生长快与长势整齐。一旦发现芽点发黑发霉，应立即扔掉。植株幼时为阴性，成株时则需充足的日照。种子新鲜即播，不耐储藏。

栽种步骤

1 清洗干净果肉，泡水约 7 日，每天换干净的水直至种壳开裂。

2 培养土置入盆器约 8 分满。

3 将种子芽点朝上种植。

4 由外而内紧密排列种子。

5 用麦饭石，或其他碎石覆盖种子。每天或隔天喷水 1 次。

6 大约第 10 天，细茎——冒出。

7 大约 18 天，可见茎芽渐长，浅红色叶片探出。

8 1 个半月，叶片由浅红色转红褐色。

9 两个半月，非常富有变化的叶色令人赞叹！植株耐阴性极佳，长大后适宜放到光照充足处。

水黄皮

莲雾

福木

兰屿肉桂

酪梨

肯氏蒲桃

FALL

海檬果

石栗

台湾赤楠

榄仁树

伞杨

毛柿

大叶山榄

秋
莳

肯氏蒲桃
葡萄美酒夜光杯

■**科名：**桃金娘科
■**学名：**$Syzygium\ cumini$ (L.) Skeels
■**英文名：**Jambolan
■**别名：**堇宝莲、海南蒲桃、乌木。
■**原产地：**印度、斯里兰卡、爪哇，马来西亚半岛及澳洲。

植物 解说　　肯氏蒲桃在树上的成串果实，无论外貌、色泽、香气、口感都挺像小葡萄，但其实两者并无亲属关系。汉朝时将葡萄写作蒲桃，想来在植物命名上，人为两者做过比对。

肯氏蒲桃耐旱、耐湿、抗强风、耐阴性佳、栽种容易，成树枝叶茂密可以遮阳，很适合绿化观赏用。果实可用来诱鸟，也可食用及入药。树干木质细致，可供制作家具及建材用。常见于各地道路、校园、公园、庭园等处，为优良的行道树与庭园树种。

有些社区困扰于肯氏蒲桃浆果带来的污染。建议不妨换个角度重新认识它，一起动手把它制成佳肴、美酒，以及用来染手工布。这样也能增加社区的向心力喔！

↑ 叶对生，厚革质，长椭圆形或阔倒卵形，叶面绿色、叶背浅绿色，长 6 ~ 15 厘米。

↑ 花期在晚春至夏末。花瓣白色，复聚伞花序腋生，有香味，花似莲雾、番石榴。

→ 常绿大乔木，枝平展。成株高度为 10 ~ 15 米，果熟时满地都是"紫蒲桃"。

　　午后捡拾种子，林间传来喜鹊"呱呱"的鸣叫声，各种不知名的飞鸟在枝丫间穿梭飞行，大快朵颐。树上、地上全是紫红色的果实。鸟儿们吃饱了，我们也不虚此行，收获颇丰。

　　每回试种不同的种子，内心真是既期待又害怕。但这回可真是遇到了大惊喜，发芽率高、长势佳、不需要刻意移植，真的是超好种的种子。

　　种子森林就像大自然的缩影，总是能悦人眼目，而且让栽植者很有成就感。对我而言，种子只要发芽率高，连小孩都能够轻易上手，就是很好的种子盆栽。喜欢吗？种一盆让人大大赞赏的肯氏蒲桃吧！

↑ 肯氏蒲桃的成熟果实，有葡萄的色泽与香气。

■ **果实种子**：长椭圆形浆果，长 1 ~ 2 厘米，果熟后颜色由红色转紫红色，内含浅绿色种子 1 粒。
■ **捡拾地点**：台北市华山社区、士林双溪公园，台中市都会公园，高雄市劳工公园，以及各地公园、校园、行道树旁。
■ **捡拾月份**：
1 2 3 4 5 6 7 **8** **9** **10** **11** 12
■ **栽种期间**：秋季。

↓ 果熟时颜色由红色转为暗紫红色，可搜集紫红色落果种植。果肉厚而多汁，略酸涩。

Seed growth

3天　　5天　　7天　　9天　　10天

↑ 果实种子纵切面，多胚体，1粒种子可分裂成好几株个体。

栽种难度：

栽种要诀：种子泡水，开裂处朝上种植。盆栽置于室内较不明亮处易徒长。发芽后可欣赏红色茎的美。为即播型种子。新鲜熟果两周内即可播种。

栽种步骤

1 剥除果肉洗净，或将果实放入细网袋内搓揉，再泡水冲洗并筛选。

2 种子泡水 9 天，每天换水，种子会逐一裂开，宜立即种植。
培养土置入盆器约 8 分满。

3 种子芽点为较不平整的凹面，芽点朝下种植。

4 肯氏蒲桃种子虽不小，但幼苗茎叶较细，可紧密排列。

5 在种子上覆盖麦饭石，或其他碎石。每天或隔天喷水 1 次保持湿润。

6 根系发达，生长快速，约两周即可见嫩红色的茎与新叶展开。这时需增加浇水量。

7 大约 4 周，叶片由浅绿色转深绿色。1 粒种子会生长 1 至 5 枝高低不等的茎，颇有多层次的美感。

8 盆栽耐阴性佳，日照足可避免茎徒长。红色茎渐渐转绿至木质化，过密集较细小的苗会枯萎。颇富种子森林的美感！

酪梨
穷人的牛奶

- ■ **科名**：樟树科
- ■ **学名**：*Persea americana* Mill.
- ■ **英文名**：Avocado
- ■ **别名**：牛油果、油梨、鳄梨、幸福果。
- ■ **原产地**：南美洲北部，中美洲的墨西哥等。

植物解说　酪梨因果肉像乳酪，外形像西洋梨，在台湾地区称之为"酪梨"。原产地中美洲的原住民已食用了数千年。台湾地区于 1918 年由美国加州种苗公司引进试种，推广成果不佳；1954 年嘉义农试所再度引进 12 个品种试种，如今它已是家喻户晓的水果了，产地主要集中于嘉南地区。

果实采收期依品种而异，早熟的 6~8 月、中熟的 8~10月、晚熟的 10 月~翌年 2 月，果熟后可在树上挂藏 1 个月以上，可依市场供需调节采收期。采收后大约 1 周，绿果的颜色会渐渐转为黑褐色。绿果不宜低温冷藏。酪梨含 11 种以上维生素、优质植物性脂肪，被视为营养价值甚高的水果，有"穷人的牛奶"之美誉。

↑ 叶互生，革质，丛生于小枝先端。

↑ 花期依品种而异，早开花的为 12 月~翌年 3 月，晚开花的为 3~4 月。花小，不明显，两性花，每朵花会开放两次。蜜蜂是酪梨授粉的主要媒介。

→ 常绿乔木，树高可达 20米，枝条脆弱，浅根系，易被强风吹折。

　通常我是以果实、叶形、树形，来辨识行道树的。如果不太有机会经常接触的，辨识就会较为吃力。虽然吃过酪梨，但对于酪梨的花、果、叶及树都很陌生，因此先种盆栽再反向辨识，是个不错的方法。

　　油亮鲜绿的生果漂亮但未成熟，黑绿色的熟果可吃可种。喝上一杯浓稠的酪梨牛奶，饱足感十足。运气好的话种子已生根发芽，不用等待太久，即可见到开裂的种子探出茎叶。酪梨果实种子大，叶片也大。抽空得闲，到老社区附近绕绕，来一趟寻宝之旅，时间点对，还能看到结实累累的果树呢。

↓4月初刚结果，10月可采收。

↑左为熟果，右为未熟果，果实采收后约1周变黑。

■**果实种子**：梨形或卵形核果，径长8~15厘米，果重约600克，果皮光亮，熟果颜色为黑绿色，内含径长4~8厘米褐色种子1枚。
■**捡拾地点**：水果摊、超市有卖。
■**捡拾月份**：
1 2 3 4 5 6 7 8 9 10 11 12
■**栽种期间**：春、秋两季。

↑种子硕大，在果实中央。果熟时脂质果肉具纤维。

> **Seed growth**

2周　　　4周　　　6周

↑种子外包着一层褐色薄膜。

栽种难度：

栽种步骤

1 剥除果肉和种子表皮，清洗干净。

2 大约浸泡 1 周，将较宽的底部即根芽处朝下种植。

3 把麦饭石，或其他碎石、彩石装入盆器，土培方式种植。

4 继续平铺麦饭石至 9 分满。

5 每天或隔天喷水 1 次，使种子保持充分湿润即可。

6 大约 4 周，开裂的种子准备探出茎叶。

7 大约第 7 周，褐色新生叶片展开。

8 大约第 8 周，第 2 枝茎叶也开始探高。

9 6 个月完成品。种子盆栽可适应室内光线。土培、水培皆宜。

兰屿肉桂
肉桂飘香

■**科名**：樟科
■**学名**：*Cinnamomoum osmophloeum* Kanehira
■**英文名**：Ping Tree
■**别名**：兰屿樟、红头屿肉桂、大叶肉桂、台湾肉桂、平安树。
■**原产地**：中国台湾地区的兰屿。

↑ 叶 3 出脉，互生或近似对生，卵状长椭圆形或卵状披针形，革质，浓绿油亮。3～4 月萌发新叶，呈鲜红色。

↑ 花期，南部为 2～3 月，北部为 4～6 月。聚伞花序，花小、白色。

→ 常绿小乔木，树高可达 6 米，树皮平滑富黏质，有浓烈肉桂香味。

植物解说　　兰屿肉桂是台湾地区特有的种植物，喜温暖高温、全日照或半日照的生长环境，原生地在兰屿，为严重濒临灭绝的植物，台湾本岛已广泛栽培为园艺植物。

肉桂叶片主要特征是有 3 条明显的主脉，叶片厚革质，不易凋萎，兰屿肉桂是樟属植物中叶片较大型的种类，外观与土肉桂、胡氏肉桂、斯里兰卡肉桂、阴香等相似。阴香极似土肉桂，因市价比土肉桂少约 1／10，所以多被用来做行道树，被大量栽种。

兰屿肉桂虽不及土肉桂含有高质量的肉桂醛可供提炼，但由于发芽率高，可适应室内光线明亮的环境，所以，很适合种为种子盆栽。并且，种成种子盆栽不失为一种另类的保育途径。

栽种
笔记

肉桂种类繁多且不易辨识，曾经路经一排行道树，见到 3 出叶脉及似土肉桂的树形，所以期待开花结果，但后来细查才了解到是进口品种的阴香。

种了几年的兰屿肉桂分送给大姊夫，因疏于照料萎凋枯死，树皮经阳光曝晒，竟然满室生香。识货的邻居也要了肉桂小苗回去种。但愿分享植栽与经验，能够促进和睦情谊，这更显明了造物主的美好特质。

许多朋友喜欢香草植物，但室内没有全日照条件真的很难栽培。栽种种子盆栽虽然有难度，从种子栽培到开花结果，草本要 2~3 年，木本要 7 年以上，但获益总比付出多，值得体验。

■ **果实种子**：核果，椭圆形，长约 1 厘米，果熟后颜色呈紫黑色，内含长约 0.8 厘米深褐色种子 1 枚。
■ **捡拾地点**：新北市八里观海大道，台中市的松鹤、谷关、佳保台，高雄市的扇平。
■ **捡拾月份**：
南部
1 2 3 4 5 **6 7** 8 9 10 11 12
北部
1 2 3 4 5 6 7 **8 9** 10 11 12
■ **栽种期间**：春、秋两季。

↓果期，南部为 5~7 月，北部为 7~9 月。果实成熟，可搜集落果种植。

↑ 核果常具部分宿存花被片，果熟后颜色由绿色转紫黑色。

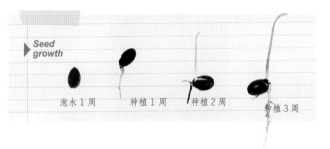

Seed growth

泡水 1 周　　种植 1 周　　种植 2 周　　种植 3 周

↑ 种子纵切面，绿色外层为果实，种子富含脂质。

栽种难度：

栽种要诀： 新鲜种子常温存放发芽率会逐渐降低，宜立即播种。剥除果肉的种子经低温湿藏层积需两个月，播种约 10 日即见陆续发芽。种子可低温干藏约 1 年。

栽种步骤

1 每天换干净的水泡种子，1 周后把种子尖端芽点朝下种植。

2 培养土置入盆器约 8 分满，种子排列整齐，需略有间隙。

3 在种子上覆盖麦饭石，或其他碎石、彩石。

4 每天或隔天喷水 1 次，使种子保持充分湿润。

5 种植大约 3 周，可见细嫩的茎渐长。

6 大约 4 周，新叶展开。

7 5 周，3 出叶脉明显。

8 光照宜充足，1 年后可带土移植至大盆欣赏。

水黄皮

心心相印

■**科名**：豆科／蝶形花科
■**学名**：*Pongamia pinnata*
■**英文名**：Pongame Oiltree
■**别名**：水流豆、九重吹、
臭腥仔、挂钱树。
■**原产地**：中国的台湾地区
的恒春和兰屿等、华南，
印度、马来西亚、澳洲等。

↑ 奇数羽状复叶，阔卵形，
互生，全缘有柄，革质叶面
平滑油亮。

↑ 春、秋季开花，浅紫色蝶
形腋生总状花序，赏花期为
两周左右。

→ 半落叶中乔木，树冠伞
形，成株有2~3层楼高，约
两米高度处可见开花结果。

**植物
解说**　　水黄皮成熟后掉落的木质荚果，可借由水流传播，别名"水流豆"；枝条强韧，可作为海岸防风树种，又名"九重吹"；叶子搓揉有异味，别称"臭腥仔"；扁平荚果挂于枝叶间，恰似一串串的清代铜币，所以又名"挂钱树"。

在原产地成株树高可达10多米，树干质地致密，农业时期将其制成各种农具，叶可做绿肥、牛羊饲料，小朋友将荚果当成玩具小船。全株以根与种子较具毒性，切忌食用。根系扎实，水土保持力佳，耐旱、抗风、防空气污染，是普遍种植的行道树及防风树种。因要应对未来石化能源短缺的问题，水黄皮还成为了制造生物柴油计划选中的主要原料之一。

海漂植物的种子几乎都有木质种荚做保护，种子乘着专属的摇篮小船漂洋过海，一旦有机会靠岸接触沙土，就尽其所能落地生根，开拓崭新的旅程……足见造物主设计的用心与美意。

刀状荚果辨识度高，栽种起来很简单，几乎无难度，即使水培也很不错。幼苗的心形叶片相当讨喜，每当看到一叶叶嫩绿油亮的心形叶，由小心心逐渐长成大心心，犹如回应我们——一切的用心都是值得的。

↑ 果实成熟，可搜集饱满的深绿色或黄褐色木质荚果种植。

■ **果实种子**：黄褐色木质荚果，扁平刀状，成熟后不开裂，内含种子 1~2 粒。
■ **捡拾地点**：台北市淡水河两岸、台中市都会公园及文化中心、高雄市公园路，以及各地公园、行道树旁。
■ **捡拾月份**：
1 2 3 4 5 **6** 7 8 9 10 **11 12**
■ **栽种期间**：春、秋两季。

↓ 刀状荚果像放大的毛豆，果熟后颜色由绿色转为木褐色。

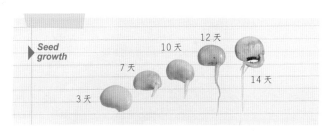

Seed growth

3 天　7 天　10 天　12 天　14 天

↑ 剥开水黄皮果荚，成熟的种子外形似蚕豆，有毒，切勿食用。

栽种难度：

栽种要诀： 剪木质荚果取种子时要小心。催芽的过程会有异味。种子耐干藏，阴放种子较冷藏种子发芽成活率高。

栽种步骤

1 剥除荚果，洗净种子并泡水，每天换水，大约 1 周可种植。

2 培养土置入盆器约 8 分满，将种子芽点朝下种植。

3 覆盖麦饭石，或其他碎石、彩石，可遮光、加压同时兼具美观的功能。

4 每天或隔天喷水 1 次，使种子保持充分湿润。

5 大约 3 周，可见茎叶从种子间探出，种子由黄转绿啰！

6 第 4 周，小小的心形新叶即将展开。

7 大约第 6 周，心形叶片一层层展开，由浅绿色渐渐转为深绿色。

8 第 8 周，吾家有"女"初长成，完成啰！土培、水培皆宜。

莲雾

芙华罗莎　绮罗香

- **科名**：桃金娘科
- **学名**：*Syzygium samarangense Merr.et Perry*
- **英文名**：Wax Apple
- **别名**：爪哇蒲桃、大蒲桃、洋蒲桃、金山蒲桃、琏雾。
- **原产地**：马来半岛，爪哇。

植物解说

莲雾属热带果树，在马来西亚、印尼、菲律宾、爪哇普遍种植。300 年前由荷兰人引进台湾地区，初期仅零星栽培。原产地的果熟期在夏季，正逢台风季节，1981 年后经由产期调节技术的改良，台湾地区南部初春时果实就成熟了。皮薄、多汁、爽脆，大众接受度高。1987 年种植面积与产销量扩增，也由次要果树提升为经济果树。

改良的品种以果色区分，深红色"黑珍珠"广受消费者喜爱，青绿色"廿世纪"具清香、甜味最高，还有林边"芙华罗莎"、枋寮"绮罗香"、佳冬"透红佳人"等，挑选莲雾有句口诀："黑透红、肚脐开、皮幼幼、粒头饱。"

↑ 单叶对生，厚纸质，长 12～25 厘米，先端具短突尖，下表皮具腺点。

↑ 在中南部 3～4 月开花，在北部 5 月。花两性，腋生，淡黄白色。龙眼蜜季节过后，接着就是采莲雾蜜的季节。

→ 常绿乔木，树高可达 10 米。从有花蕾到果熟需 2～3 个月。果熟期可见掉落一地的果实，虫鸟喜吃食。

<table><tr><td>栽种
笔记</td></tr></table>

台湾地区的"农改"很成功，水果愈种愈大也甜美，但种子却愈生愈少，为了种莲雾盆栽，在水果摊努力挑选圆鼓鼓状的莲雾，努力地吃，好不容易才搜集够种一小盆的种子。得来不易的感受使我反而更加怀念改良前的植物，还有那来自上帝恩赐而取之不尽的种子。

桃金娘科的莲雾，发芽率高，长得快。即使只搜集到少许几粒种子，也别放弃种植的美好机会，因为种子数量少，看着莲雾长得高低错落，还是会挺欣慰的。

莲雾在幼苗期耐阴性佳，阳光直射容易产生焦褐色叶烧病，土培种植应在室内光线不明亮处。莲雾种子易生长良好，适合种子盆栽初学者。

- ■ **果实种子**：倒圆锥形浆果，横长 5 ~ 8 厘米，熟果呈淡红色，内含约 1 厘米不规则褐色种子 0 ~ 3 枚。
- ■ **捡拾地点**：南部果园，各地公园、行道树旁，以及水果店售卖。
- ■ **捡拾月份**：
  1 2 3 4 5 **6 7** 8 9 10 11 12
- ■ **栽种期间**：春、夏、秋三季。

↓经产期调节后，南部果期为 12 月 ~ 翌年 3 月，北部为 5 ~ 7 月。甜美的熟果，吸引各种虫鸟来吃食，真是上帝的恩赐。

↑莲雾果实切面。果实内含海绵组织，种子质轻。

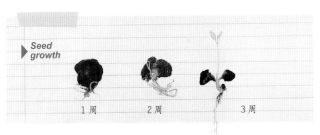

Seed growth

| 1 周 | 2 周 | 3 周 |

↑不规则的种子，粒粒都是珍宝。

栽种难度：

栽种要诀： 挑选圆形果实有种子的机会较大。气候温暖稳定时种植，长势佳且生长快。桃金娘科的种子大多干燥后活力会渐渐丧失，新鲜种子的发芽率高。

栽种步骤

1 种子泡水浸润约1周，每天更换干净的水以利催芽。

2 种子粗糙面为芽点，朝下种植。

3 较大粒种子长得快。居中排列，种子有些许间隔即可。

4 在种子上覆盖麦饭石，或其他碎石、彩石。

5 每天或隔天喷水1次，使种子保持充分湿润即可。

6 大约种植3周，可见开裂的种子，茎芽陆续长出。

7 5周后新叶展开，叶片由浅绿色渐渐转为深绿色。耐阴性佳，可适应室内光线。

8 6周后，第2层叶片更明显丰富。

福木

福气临门

■ **科名**：藤黄科
■ **学名**：*Garcinia subelliptica*
■ **英文名**：Common Garcinia
■ **别名**：菲岛福木、福树、金钱树。
■ **原产地**：中国台湾地区的恒春、兰屿及绿岛，菲律宾、印度、斯里兰卡等。

植物解说　　原生的福木适合高温、日照充足的环境，因为树形不高大，分枝离地面极近，加上抗旱、抗风、耐盐的特性，为优良的防风树种。福木为常绿乔木不易落叶树种，树形整齐美观挺立不需修枝剪叶，很适合时有台风过境的台湾地区。由于易于维护，在路旁、公园、校园等地很容易找到它的踪影，已为普遍栽植的树种。

木质坚硬紧密可做建材，树脂可做黄色染料。叶面浓绿富光泽，椭圆形厚革质叶，10多厘米长。春天至初秋开花，雌雄异株，单花丛生在枝干，夏季黄褐色果实成熟时气味似榴莲般浓郁，有"瓦斯弹"的俗称。

↑ 单叶十字对生，新生叶呈浅咖啡色，辨识度高。

↑ 花期，3～5月，雌雄异株，雄花黄白色，雌花浅绿色，单花丛生在枝干。

→ 常绿小乔木，终年青绿，树冠集中呈圆锥形，成株高度为5～10米。

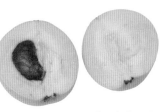

↑福木果实纵切面。

　　替植物命名的确是门学问，福木如其名，无论在实用价值或者植物形态方面，都符合人们对"福气"的期待！

　　我个人对圆形的植物情有独钟，福木厚实椭圆的叶片，总是令我爱不释手，唯其散发出的特殊气味，恐怕不是人人能够接受的，还好取种子与处理过程并不困难，种植也很容易上手。对于不喜欢土培，自认为是"植物杀手"的朋友，可选用麦饭石、水晶土等方式水培。只要记得不要让根部缺水，就能维持1～3年或以上。此外，福木的种子盆栽生长缓慢很适合忙碌的都市人学习慢节奏的生活态度。

■**果实种子：**球形浆果，直径约5厘米，果熟后外皮颜色由金黄色转为褐色。内含长两厘米种子1～4粒。
■**捡拾地点：**台北市建国南路、台中市五权南路、高雄市河西路，以及各地公园、校园、行道树旁。
■**捡拾月份：**
1 2 3 4 5 6 **7 8 9 10** 11 12
■**栽种期间：**春、秋两季。

↓待金黄色熟果颜色转褐色时，可搜集落果取种子种植。果实常有虫蝇吃食。果熟，软化后更易取种子。

↑种子约有栗子大小。

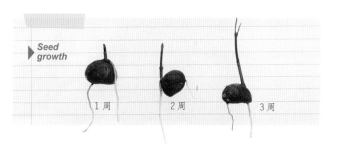

Seed growth

1周　　2周　　3周

↑种子的粗糙面即为芽点处。

栽种难度：

栽种要诀： 成熟新鲜的福木种子发芽率颇高，夏、冬两季种植发芽率低。种子不耐干燥，可用湿水苔保湿存放在阴凉处，或置冰箱湿藏可存放约半年。

栽种步骤

1 剥除果皮并洗干净。种子泡水约两周，每天换水催芽，淘汰软烂种子。

2 培养土置入盆器约 8 分满，将种子芽点朝下种植。

3 覆盖麦饭石，或其他碎石、彩石，可遮光、加压，亦可露出部分种子欣赏。

4 每天或隔天喷水 1 次，使种子保持湿润，但勿积水，以免发霉和长虫。

5 长速缓慢，大约 16 周茎叶渐长，需增浇水量。

6 大约 17 周后，红色的叶片展开，渐渐转绿。

7 大约第 5 个月，叶片由砖红色转深绿色，第 2 层砖红色新生叶片伸展，富有层次感。

8 盆栽耐阴、耐湿性极佳，土培、水培皆宜。可适应室内微光，3 年不换盆仍生长良好。

海檬果

四海为家

- **科名**：夹竹桃科
- **学名**：*Cerbera manghas* Linn.
- **英文名**：Common Cerberus Tree
- **别名**：海芒果、黄金茄、牛心茄、猴欢喜、山檨仔、海檨仔。
- **原产地**：中国广东、台湾地区，印度群岛至热带太平洋区域。

植物解说　　海檬果分布于海岸地区，由于叶形与果实都像芒果，所以得名。果实未成熟时像土芒果，成熟时像爱文芒果，但切记不可食用，因全株含有毒性，尤以果实、种子毒性最强，如果误食，严重的话甚至会丧命。

抗海风、耐盐、生命力强，适宜种植为海岸防风林，因树形优美亦适宜栽植为景观树。它的枝条下方有明显叶痕，这是海漂植物的共同特征。果实质轻，果皮内含有丰富的纤维质，可以保护种子漂流时不被海水浸润。

台湾地区分布于北部、东部、恒春半岛与兰屿等海岸，各地庭园也普遍栽植。木质轻软，可制成箱柜、木屐及小型器具。

↑单叶互生，<u>丛生枝端</u>，倒披针形或倒卵形，长 **10～25** 厘米，革质表面有光泽。

↑花期在春至秋季，聚伞花序顶生，花白色有香气。

→常绿小乔木，成株高度有 **10** 米，全株具有毒白色乳汁。

栽种笔记

　　自小被提醒要对有毒植物"敬而远之"，事实上只要了解了毒性来源部位，避免碰触及吞食，有毒植物也可以成为美丽的种子盆栽。夹竹桃科的海檬果树同样为有毒植物，处理这类植物的种子，要格外小心，也可借此机会教育孩子，碰触玩耍种子后一定要洗手。

　　海檬果与许多靠海漂传播的植物种子一样，都有发芽较慢的特点。只要生长条件不适宜，宁可躲在种壳内。光是看外观，很难辨别它是否是活的种子。尤其北部入秋才果熟，必须跨冬至翌春才能见到发芽，所以更难判别。其实与种子一同经历了漫长的等待，不经意中耐性也慢慢培养和"茁壮"起来。

■**果实种子**：卵形核果，长5~9厘米，果熟后颜色由绿色转暗红色，内含4~8厘米褐色种子1枚。
■**捡拾地点**：新北市十三行博物馆、白沙湾风景区，台中市都会公园，高雄市同盟路，以及各地公园、滨海公路旁。
■**捡拾月份**：
南部
1 2 3 4 5 6 7 **8** **9** **10** **11** 12
北部
1 2 3 4 5 6 7 8 **9** **10** **11** 12
■**栽种期间**：春、秋两季

↓果实成熟后，可搜集红褐色落果种植。

↑红色熟果发芽率高。果实内的种子有一条纵向深凹沟。

Seed growth

12周

10周

8周

↑内种皮富含纤维质，利于海漂。

栽种难度：

栽种要诀：海漂种子发芽慢，早熟的种子，不需过冬至翌春，可提前发芽。虽然种子可低温冷藏一段时间，但建议以新鲜种子种植为宜。

栽种步骤

1 剥除果实表皮，清洗干净。种子泡水浸润，每天更换干净的水以利催芽。

2 浸泡 2~3 周，将圆弧种子胚根朝下种植。

3 尖端胚芽朝上，培养土置入盆器约 8 分满。

4 覆盖麦饭石等其他碎石，每天或隔天喷水 1 次。

5 大约种植 8 周，可见种子的根芽渐长。

6 大约 10 周，茎叶展开。

7 大约第 12 周，叶片由浅绿色慢慢转至深绿色。

8 海檬果的种子盆栽土培、水培皆宜，徒长可适度修剪，重新让它生发茎叶。

石栗

晶亮黑宝石

■**科名：**大戟科
■**学名：** *Aleurites moluccana* Willd.
■**英文名：** Indian Walnut
■**别名：**烛果树、油桃、海胡桃、黑桐油树、蜡栗。
■**原产地：**马来西亚，波利尼西亚、菲律宾群岛等。

植物解说　　1903年石栗由越南引进台湾地区栽植，生长迅速，树干挺直，树冠宽广浓密，有良好的遮阴效果，耐旱不耐寒，抗风力弱，枝条易折损，但萌芽力强，可适应市区环境，多栽植为行道树及庭园绿化观赏树。

种子像小石头也像贝壳化石，种仁含油达65%～70%，榨取的油质可供制作油漆、肥皂、灯油、蜡烛，以及用来给木材防腐等，还可用来制作生物燃料。种子不能生食，印尼人将处理过的种子拿来煮咖喱食用。木材淡红褐色，具有光泽，可用来制作箱板及火柴杆。种子、叶、根等都具有不同的药用效果。

↑叶单生，互生，具长叶柄，卵状三角形或卵状长椭圆形，纸质或厚纸质，不分裂或3～5裂。

↑花期，4～6月，顶生圆锥花序，花多白色，同一花序可见雄花及雌花，花萼钟形。

→ 常绿大乔木，树高可达20多米，小枝、新叶、花序密生星状毛茸。

栽种笔记

　　石栗种子无论外观、质感、硬度、重量，实在像极了石头。猜想这样伪装是为了避免被吃掉，但厉害的松鼠依然能咬食到种仁，据说味道像花生。

　　某年约在 10 月的时候，在高雄市的桥头糖厂游乐区我初次见到石栗，后来在台北双溪公园附近再次与它相遇，硬邦邦的种子，没经催芽也没破壳。使用自然播种法，大约半年毫无动静，春天一来，一个一个冒出弯曲的绿色幼茎，发芽率相当高。

　　种子发芽膨胀，根芽破壳而出，探高的子叶将种壳撑开，一分为二，种壳依然硬实，种子内在的奥秘实在令人赞叹。

↑种壳极坚硬，不易切割，种子发芽就会平整开裂似蚌壳，开裂的种壳仍坚硬如石。

■ **果实种子**：圆形蒴果，果长约 5 厘米，果熟后颜色呈褐色，内含约长 3 厘米米灰褐色种子 1～2 枚。

■ **捡拾地点**：台北市双溪公园、大湖公园，台中市东光路，高雄市劳工公园，以及各地公园、行道树旁。

■ **捡拾月份**：
1 2 3 4 5 6 7 8 **9** **10** **11** 12

■ **栽种期间**：春、秋两季。

↓果期为 7～11 月，果实表面被茸毛，成熟落果黑褐色，可轻易剥除果皮取出种子。

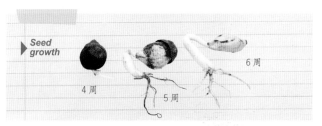

Seed growth

4 周

5 周

6 周

↑种子有凹凸纹理，似小石头。经抛光处理，晶莹如宝石，黑底带银灰纹理，有"黑墨子"之称。

栽种难度：

栽种要诀：入秋，种子催芽后宜立即播种，因发芽速度不一，可待发芽后移植。春天种子发芽快也整齐。种子可与湿沙混合层积储藏，至翌春发芽。

栽种步骤

1 洗净种子，泡水浸润，每天更换干净的水，约需两周。

2 挑选适当的深盆器种植，培养土置入盆器约 8 分满。

3 种子突起的尖端朝上，芽点朝下种植。

4 种子上覆盖麦饭石，或其他碎石、彩石。

5 每天或隔天喷水 1 次，使种子保持充分湿润即可。

6 大约 8 周，种子发芽，有的子叶已撑破种壳。

7 大约第 10 周，早发芽的植株已探出枫叶般的本叶。

8 3 个半月成品，对称本叶像张开的双手。盆栽需要充足的日照，土培、水培皆宜。

台湾赤楠

赤楠就是美

■**科名：**桃金娘科
■**学名：***Syzygium formosanum*
■**英文名：**Taiwan Eugenia
■**别名：**赤楠、大号犁头树、台湾赤兰、红芽赤兰。
■**原产地：**中国的台湾地区。

植物解说　赤楠种类繁多，常见的有台湾赤楠、金门小叶赤楠、兰屿赤楠、大花赤楠、高士佛赤楠、疏脉赤楠等。看到植物名称第一顺位有"台湾"二字，便可知是台湾地区特有品种，就算不是濒临灭绝或稀有的种类，也倍感亲切与珍贵。

台湾赤楠主要分布于全岛中、低海拔阔叶林里，喜温暖高温气候，土壤选择性不苛刻，生长缓慢，耐阴，耐修剪，成株不耐移植，春季一枝枝探出的红色新叶，在万绿丛中很有层次感，适合作为庭园景观树或栽种成绿篱。木材富有韧性且耐腐，可制作槌柄、锄柄等器具与作为建筑用材。

↑ 新叶呈红褐色，单叶，对生，革质或厚纸质，长椭圆形或倒卵形。

↑ 花期，4～5月，圆锥状聚伞花序，顶生，白色，花丝有毛。

→ 常绿乔木或灌木，细枝丛生平展，末梢呈四棱形。

栽种笔记　　有些成株完全不同的两种植物，幼苗竟然如此相近，台湾赤楠和肯氏蒲桃便是一个例子，台湾赤楠无论茎、叶、花、果，都像是缩小版的肯氏蒲桃，如果不是种植时贴了标签，几回竟然错将台湾赤楠当作肯氏蒲桃，毕竟都是桃金娘科赤楠属，也算得上是亲戚。

台湾赤楠幼苗和肯氏蒲桃一样有着红嫩嫩的细茎，搭配细小的叶片，挺有青春少女的气息，欣赏到的种子盆栽多数是一片绿意盎然，偶尔看到不同的色彩，挺有新鲜感的，加上桃金娘科植物容易栽培成种子盆栽的特性，轻轻松松就可以种上一大盆，我还挺喜欢的。

↑聚合果顶生。

- ■**果实种子**：浆果，歪球形，直径约 1 厘米，果熟后颜色由红色转紫黑色，内含约 0.8 厘米绿色种子 1 粒。
- ■**捡拾地点**：台湾大学、高雄大学，台中市自然科博馆，以及各地公园、校园、行道树旁。
- ■**捡拾月份**：
  1 2 3 4 5 6 7 8 9 10 11 12
- ■**栽种期间**：春、秋两季。

↓9~10 月果实成熟，可搜集紫黑色落果种植。

↑浆果，歪球形，侧边一端有一圈突起，像开口。

Seed growth

| 5 周 | 6 周 | 7 周 |

↑果实内绿色部分即为种子。

栽种难度：

栽种要诀：种子发芽率高，春季为适宜种植期。排水、日照需良好。种子可低温湿藏约半年。

栽种步骤

1 剥除果实表皮，清洗干净。

2 种子大约需浸泡 1 周，每天更换干净的水以利催芽。

3 培养土置入盆器约 8 分满，将种子由外而内均匀种植。

4 种子排满整个盆面。

5 在种子上覆盖麦饭石，或其他碎石、彩石。

6 每天或隔天喷水 1 次，使种子保持充分湿润。

7 大约第 5 周，嫩红茎叶探高。

8 大约第 7 周，对称新叶展开。

9 4 个月的台湾赤楠的种子盆栽成品。

榄仁树

秋红　叶落　好过冬

■**科名：** 使君子科
■**学名：** *Terminalia catappa* Linn.
■**英文名：** Indian Almond
■**别名：** 大叶榄仁、枇杷树、雨伞树、凉扇树。
■**原产地：** 中国的台湾地区、海南岛、日本、印度、马来半岛、太平洋群岛。

植物解说　榄仁树因果实形状似橄榄核而得名，据悉史前就已经漂洋过海，在中国的台湾宝岛以南落地生根，成为本土原生植物。早期排湾族用其木材建造房子，雅美族将板根制作成船只，也有人将榄仁落叶泡水喝用来护肝。

榄仁树喜生长于高温湿润、日照充足的环境，与许多海漂植物相同，生长快速，耐旱抗风耐盐性强，加上四季都富有变化，全台各地广泛栽植，可做庭园树、行道树、防风林树种。

常有人乍听其名，问与"懒人"有何关系。夏季枝繁叶茂，在仿佛大阳伞的大树下遮阴纳凉，偷得浮生半日闲，可以称得上是榄仁树下有懒福吧！

↑ 叶倒卵形，互生，丛生枝顶，长 10～20 厘米，秋季转红，冬季落叶。

↑ 花期，5～7月，雌雄异花，穗状花序，雄花长于顶端，雌花或两性花长于下部，小花绿色或白色。

→ 落叶大乔木，高 10～20 米或以上。枝干平展，侧枝轮生，落叶后有明显叶痕，伞形树冠，老树有明显板根。

↑ 内果皮坚硬且质轻，能浮于水面。

栽种笔记　　通常我们看树的角度是抬头仰望，尤其是都市人，很少有机会爬树，近距离观察树的生态，如果搭乘台北地铁芝山路段或高雄地铁楠梓路段，从高处下望两旁行道树冠顶层，仿佛化身飞鸟，在林间飞翔，角度不同了，感受也不同了。

　　大叶榄仁这类的海漂植物在人行道上如何传播？站在地铁站外捡拾种子，熙熙攘攘的人潮，少有人好奇提问，从没想过有一天，自己会成为植物的传播者。

　　秋播春收，究竟有多少种子能经得起严冬考验，这事只有上帝能成就！我们只需种得开心而不是有负担就好，至少这些种子，曾经被期待，也曾经有生存的机会。

↓ 果期为 7～12 月，绿色为未熟果，可搜集黑褐色熟果种植。

- ■ **果实种子**：扁椭圆形核果，长 3～5 厘米，果熟后颜色由绿色转褐色，内含长 3～4 厘米褐色梭形种子 1 枚。
- ■ **捡拾地点**：台北市芝山地铁沿线两旁、新北市台 2 号三芝至金山路段、台中市中清路、高雄市文化中心省道两旁、花莲市府前路，以及各地公园、校园、行道树旁。
- ■ **捡拾月份**：
  1 2 3 4 5 6 7 8 9 **10** **11** **12**
- ■ **栽种期间**：春、秋两季。

▶ Seed growth

4 周　　8 周　　9 周

↑ 自然发芽的种仁，将富有纤维的坚硬种壳撑开。

栽种难度：

栽种要诀："等待"是海漂植物的特性。种子洗净层积发芽较快、发芽率高。早熟果可提早发芽。种子可低温冷藏。

栽种步骤

1 将熟果剥除果肉，清洗干净。

2 种子泡水约 1 个月，每天换干净的水。

3 圆端处为胚根，朝下种植。

4 种子紧密排列于培养土上，土培较水培发芽快。

5 种子上覆盖麦饭石等其他碎石、彩石。

6 每天或隔天喷水 1 次，使种子充分湿润。

7 秋播春收，大约 8 周，子叶一一破壳而出。

8 大约 10 周，子叶展开成"绿色蝴蝶"。

9 本叶展开后又别有一番风味了。

伞杨

美丽似锦

- ■**科名**：锦葵科
- ■**学名**：*Thespesia populnea*
- ■**英文名**：Portia Tree
- ■**别名**：恒春黄槿、截萼黄槿、桐棉。
- ■**原产地**：中国台湾地区的恒春半岛，印度等。

植物解说　　伞杨产于恒春半岛，常生长于珊瑚礁上，原生种在恒春已濒临绝种，花与叶都与黄槿十分相像，经常被误认为黄槿，所以又称为"恒春黄槿"。喜高温多湿的环境，耐旱、耐盐、抗强风，耐寒性较差，是台湾地区海岸防风林的优良树种。植株可单植、列植、丛植，可做行道树与庭园美化树。全株可药用，果实能做染料，可以杀虱等。

在自然生态环境渐渐受到破坏的当下，原生植物伞杨的保护也亮起红灯警示，引发大众的关注。目前虽然已透过园艺普遍栽植，保育、复育的工作仍应加快速度，而种植伞杨的种子盆栽，正可以当成学习育苗的功课。

↑叶互生，心形，长尾尖，薄革质，叶脉明显。

↑ 南部在 3~4 月、8~9 月开花，花腋生，钟形，花冠螺旋状，花开呈鲜黄色，花谢前转桃红色，春季盛开。

→ 常绿小乔木，株高可达 9 米，花期可同时见到黄、红二色花在叶腋间。

初遇满树黄花的伞杨时，还以为是黄槿，细查果然同是锦葵科。原以为同一棵伞杨树会开黄、红两色花，后来才知道，原来花开时如黄槿，萎凋花谢前才转为红色。好特别。

伞杨属子叶出土种子，对称的双子叶似欲振翅而飞的绿色蝴蝶，挺像咖啡子叶，待本叶探出，差异则立即显现。

为了此次成书，家中果实、种子、盆栽植物数量暴增，形形色色的小虫也随之而来，简直成了"小丛林"。伞杨种子的发芽时间不一致，汰换后重新种植，被混入盆土一段时日后，常常看到不同小苗探出的组合式盆栽，虽然不在预期之中，内心依然被这些新的生命感动。

↓ 南部果期为 10～12 月、3～4 月。蒴果球形，不开裂。果实成熟，可搜集落果种植。

- **■果实种子**：球形蒴果，径 2.5～3 厘米，熟果呈黑褐色，内含约 0.7 厘米深褐色水滴形种子约 20 枚。
- **■捡拾地点**：新北市淡水沙仑海水浴场、台中市都会公园、高雄市冈山工业区、垦丁南湾至鹅銮鼻海岸。
- **■捡拾月份**：
  1 2 3 4 5 6 7 8 9 **10 11 12**
- **■栽种期间**：春、秋两季。

↑ 果实为扁球状的五边形，种子布满于五边的隔间内。

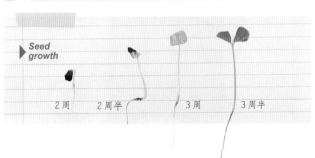

Seed growth

2 周　　2 周半　　3 周　　3 周半

↑ 种子呈三角水滴形，被褐色毛，有纵条纹。

栽种难度：

栽种要诀： 种子发芽时间前后不一致，深埋发芽较慢，可置自封袋层积至发芽再种植。种子可干燥储藏。

栽种步骤

1 轻压果实取出种子并洗净，每天泡水和换水催芽，约 1 周。种子会浮在水面。

2 将种子尖端芽点朝下种植。

3 培养土 8~9 分满，种子间隔宜宽。

4 在种子上覆盖麦饭石，或其他碎石、彩石。

5 每天或隔天喷水 1 次，使种子保持充分湿润。

6 大约两周陆续发芽，种子被绿色嫩茎顶高。

7 大约两周半。茎成长的速度很快。

8 3 周后，有些子叶已急着脱离种壳，张开的子叶像蝴蝶的翅膀。

9 3 个月后，心形叶展开，1 年后可见满满的心形叶。

毛柿

事事如意

■**科名：**柿树科
■**学名：***Diospyros discolor* Willd.
■**英文名：**Taiwan Ebony
■**别名：**台湾黑檀、乌木、台湾柿、毛柿格。
■**原产地：**中国台湾地区的东南部森林、兰屿、绿岛及龟山岛，菲律宾、爪哇、泰国。

↑ 叶长，椭圆状披针形，长15～30厘米，革质，叶缘常向后反卷，有绒毛。

↑ 花期，4～6月，单生或腋生总状花序，雌雄异株，淡黄色或黄白色小花。

→ 常绿大乔木，树干笔直，树皮黑褐色，树冠呈倒三角形。

植物解说　　毛柿、乌心石、台湾榉、黄连木、牛樟，为台湾地区"新阔叶五木"，即五大阔叶林原生树种之一级木。毛柿的树皮、心材皆为黑褐色，木材坚硬细致而沉，有"沉水乌"的美称，是名贵的黑檀木之一。据说原生老龄毛柿，主干粗壮可达120厘米，高可达40米，相当罕见。

　　毛柿为阴性树种，适宜生长于温湿度高、半遮阴环境，生长缓慢，树形优美，枝叶浓密，全株被黄褐色细毛，果熟可食，果肉不多，清香，木料珍贵常制作成筷子、手杖、台座、小型工艺品等。北部较少种植，在东、南部道路旁即可观赏。成株移植成活率欠佳，不适于裸根造林。

7月炎炎夏日，为了种植毛柿我专程到花莲、高雄两地搜集，行道树下随处可捡拾熟果，红通通、毛茸茸的外表带有淡淡的果香，童年的味道再度浮现。

我对毛柿的特别情感，是源于儿时，每年暑假到花莲外婆家，小朋友爬上结实累累的毛柿树，采收硬实的橘红色的果实放入谷仓催熟软化，吃完果实后坚硬的种子还能玩，充满了童趣。

我爱看毛柿黑色的茎将种子举起的姿态，为了种一盆美美的"小森林"，时常需要移植美化。直根系的毛柿，断根可生出侧根，展现原始粗犷的生命力，适合爱侍弄花草的朋友。

↑果皮外密被细绒毛，果熟后会脱落。

- **果实种子：** 扁球形浆果，径长约8厘米，果熟后颜色转为红褐色，内含长3~4厘米褐色肾形种子2~8粒。
- **捡拾地点：** 台中市港联外道路、高雄市金福路、花莲市美仑公园附近。
- **捡拾月份：**

1 2 3 4 5 6 **7 8 9** 10 **11** 12

- **栽种期间：** 夏、秋两季。

↓果期为7~9月，果实成熟，可搜集红褐色落果，待熟软后取子种植。种子外覆浅褐色薄膜。

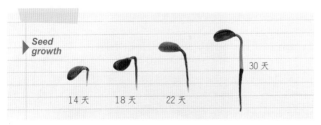

Seed growth

14天 18天 22天 30天

↑果肉少，淡香，味甜。

栽种难度：

栽种要诀：可浸泡两日，置入自封袋层积，大约 1 周可见发芽，再行种植。耐阴性佳，幼苗适合室内栽培。种子不耐干燥，可低温湿藏 4～6 个月。

栽种步骤

1 种子泡水浸润 1 周，每天换水以利催芽。

2 选择适当盆器，培养土置入盆器约 8 分满。

3 种子尖端芽点朝下种植，间隔宜宽。

4 在种子上覆盖麦饭石或其他碎石。

5 每天或隔天喷水 1 次，种子保持充分湿润即可。

6 大约第 3 周，黑色茎将种子探高。

7 大约 4 周，种子像音符，有明显的高低错落。

8 大约第 6 周，乳黄色子叶与绿色本叶一一展开。耐阴性极佳，可适应室内微弱光线的环境。

大叶山榄

兰屿来的芒果

- **■科名**：山榄科
- **■学名**：*Palaquium formosanum* Hay.
- **■英文名**：Formosan Nato Tree
- **■别名**：台湾胶木、橄仔树、毳古公树。
- **■原产地**：中国台湾地区的兰屿等，菲律宾。

↑ 叶互生，丛生于小枝先端，长椭圆形或长卵形，长 10～15 厘米，厚革质。

↑ 花期，12 月～翌年 1 月，花单生或簇生于叶腋，镊合状排列，白色或淡黄色，有香味。

→ 常绿大乔木，高可达 20 米，主干直，多分枝，富含乳汁，叶痕明显。

植物解说　　大叶山榄为台湾地区的原生树种，抗旱、抗风、耐湿、耐盐，栽种、移植容易，病虫害少。老龄树基部会生长板根，树性相当强健，是海岸地区防风及净化空气的优良树种，许多滨海工业区以及各地道路，皆普遍种植用于绿化。

树皮可做染料，木材可供建筑用，全株富含乳汁，可制成绝缘材料用胶，果实可食，兰屿的达悟族称它为"剥皮才能吃的果实"，有"兰屿芒果"之称。达悟族还用它的木材做拼板舟的原料。另外，据说有噶玛兰族的部落就有大叶山榄，它也是平埔族的族树。在绿岛则称为"臭屁梭"。果实可制成冰品等可口食物。

栽种笔记

捡拾地上的大叶山榄落果，经常可见被虫鸟啃食的痕迹，带回家处理，总会被一堆肥滋滋的小白蛆吓得头皮发麻。听说大叶山榄果实很可口，但怎么也不敢轻易尝试。有次掰开熟软的绿色果肉，看清楚了，的确没虫，卸下心防轻咬一口，嗯，甜度高还不错，天然的上好，不用担心农药污染。

种子泡水催芽，芽点会凸出顶破种壳，看到芽点再种植较保险。大叶山榄与琼崖海棠的种子都富含油脂，种仁如果受伤释出乳白色固体脂质就难以顺利发芽。椭圆形的叶形、果实、种子很大方、讨喜，水培也可以生长得不错。

■ **果实种子**：椭圆形浆果，长约 5 厘米，熟果呈绿褐色，内含 3~4 厘米深褐色种子 1~4 枚。
■ **捡拾地点**：东北角风景区，台中市港区，高雄市西子湾，以及各地公园、校园、行道树旁。
■ **捡拾月份**：1 2 3 4 5 **6 7 8 9** 10 11 12
■ **栽种期间**：夏、秋两季。

↓果期为 6~8 月，虫鸟喜吃食。

Seed growth

| 10 天 | 2 周 | 3 周 | 4 周 |

↑ 果实像橄榄，可搜集落果种植。

↑ 纺锤形种子外壳光滑，一面呈梭形，为浅褐色。

栽种难度：

栽种步骤

1 剥除果肉洗干净，种子泡水约 1 周并每天换水，即见种壳一一开裂。

2 培养土置入盆器约 8 分满。

3 种子开裂的尖端的芽点朝下种植，间隔宜宽，好使子叶展开。

4 露出部分种子，覆盖麦饭石，或其他碎石、彩石。

5 每天或隔天喷水 1 次，使种子保持湿润。

6 大约 3 周，种子对半开裂，长出子叶，5 周本叶舒展。

7 大约第 6 周，本叶愈来愈宽大了。

8 半年完成品。日照需充足。土培、水培皆宜。

竹柏

兰屿罗汉松

插枝

白英龙葵

神仙

花道

竹柏
竹报平安

■ **科名：** 罗汉松科
■ **学名：** *Nageia nagi*
(Thunb.)O.Ktze.
■ **英文名：** Nagi Podocarp
■ **别名：** 山杉、百日青、日本艾草。
■ **原产地：** 中国台湾地区的北部和南部中低海拔地区、大陆，日本等。

植物解说 　　竹柏是相当古老的裸子植物，据说大约在1.55亿年前的白垩纪就已存在，可以说是植物界的"活化石"。竹柏为中国的原生树种，叶茂浓密，终年苍绿，树形优美，是中国庭园的重要景观植物之一。竹柏耐阴性佳，抗病虫害，防空气污染，木材富弹性可做工艺器具与建材，至今被视为珍贵的树种。

　　树干笔直呈墨黑色，很容易辨识。平行叶脉细长似竹叶所以得此名，搓揉叶片有类似番石榴的清新气味。春天开花，黄绿色的花隐隐约约在叶柄与枝叶间，核果状球形果实表面被白粉，这是其特色。

↑ 叶序单叶对生，有平行纵脉，无主脉，厚革质，叶面油亮青绿。圆叶竹柏、斑叶竹柏等变异种较稀有。

→ 竹柏为常绿中乔木，终年青绿，树形呈尖锥形。此百年老树高达10多米。

↓ 花期在春天，雌雄异株，雄花序呈圆柱形，雌花序呈球形，花小而不明显。

栽种笔记 竹柏的种子盆栽是目前市面上常见的种子盆栽赏玩入门款，也是我最爱的植栽之一。在搜集种子的过程中，有时还需和树的主人博取感情。上百年的竹柏老树，聊不完的今昔情感，处理着粒粒饱满的种子时，除了谢谢树的主人热心的给予，同时又多了份对老树与造物主的感激，播种时不禁倍觉温暖。但愿老树的子子孙孙，也能遍满山野、代代相传。

竹柏生长缓慢，可以培养耐心，在等待它成为"小森林"的过程中，每一个阶段都能细细品味，从弯着腰顶着"小帽"，到长出 4 片对称本叶，一盆美美的竹柏"小森林"就长成了。

↓竹柏为不形成球果的裸子植物，种皮外裹了层白粉，易于辨识。

↑入秋后，10 月左右果实成熟，可搜集饱满的深绿色与紫褐色落果种植。

- **■果实种子**：球形核果被白粉，直径 1~1.5 厘米，内含直径约 1 厘米褐色种子 1 粒。
- **■捡拾地点**：北海岸石门竹柏山庄、台中市都会公园、高雄市都会公园，以及各地公园、校园、行道树旁。
- **■捡拾月份**：
  1 2 3 4 5 6 7 **8 9 10 11** 12
- **■栽种期间**：全年，春、秋两季最佳。

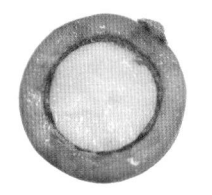

↑果实纵切面。肉质假种皮包裹着种子，中心点乳黄色的胚轴明显易见。

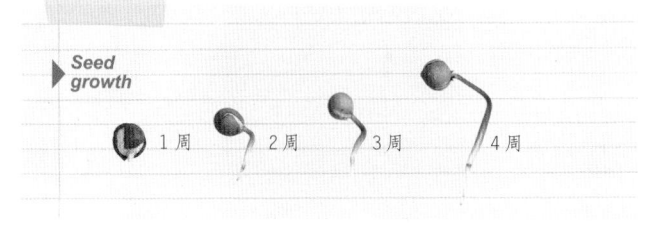

Seed growth

1 周　　2 周　　3 周　　4 周

栽种难度：

栽种要诀：成熟的新鲜竹柏种子发芽率颇高，初学者很容易上手。泡水未开裂的种子，可轻轻敲裂种壳再种植。种子可低温冷藏 1 年。

栽种步骤

1 剥除果皮，清洗干净。种子泡水，每天换水以利催芽。

2 2~3 天，有些种子会由尖端开裂，宜及时种植。

3 培养土置入盆器约 8 分满，将开裂的种子尖端芽点朝下种植。

4 种子由外而内排列整齐。

5 种子上覆盖麦饭石，或其他碎石、彩石，可遮光、加压兼具美感。

6 两天喷水 1 次，使种子保持充分湿润即可。

7 大约 4 周，深绿色的茎部逐渐向上延伸。

8 大约 6 周，竹柏对生叶片——从种子探出。

9 竹柏"小森林"长成，土培可观赏两年不换盆。水培可支撑 1 年左右即须移植到土里。

兰屿罗汉松

松柏常青

■ **科名：**罗汉松科
■ **学名：** *Podocarpus costalis* Presl
■ **英文名：** Buddhist pine
■ **别名：** 无。
■ **原产地：** 中国台湾地区的兰屿、菲律宾北部。

 **植物
解说** 　　台湾地区原生的兰屿罗汉松，原生地于兰屿海岸珊瑚礁一带，因受人为的挖掘破坏，已是严重濒临灭绝的植物，台湾本岛虽已大量栽培，仍需要更长的时日才能复育弥补。罗汉松自成一科，罗汉松科为古老的裸子植物，依化石推测可追溯至三叠纪，主要分布于热带、亚热带和南半球的温带地区，罗汉松科家族有 200 多个品种。

　　据传罗汉松的果实像罗汉披着红色袈裟所以得此名，加上终年常绿，少落叶，有"松柏常青"的美誉，原为常绿乔木。单植可以美化庭园或做成盆栽供观赏，密集列植则可成常绿围篱。

↑ 叶互生，革质，线形或狭披针形，先端圆或钝，边缘略反卷，主脉明显，螺旋状排列，易于辨识。

↑ 花期，3～4 月，雌雄异株，雄球花圆柱形单生无柄，雌球花单生腋出，黄绿色球花，不醒目。

→ 常绿小乔木或灌木，终年青绿，株高约 5 米，可塑性强，适合修剪成珍贵盆景、园艺造景及保持植株矮化，被视为高贵树种。

栽种笔记　　欣赏结实累累的兰屿罗汉松大品盆栽，叶形细密、枝干雅致，散发着山水画的古朴和写意，宛如时光倒流，置身在"枯藤老树昏鸦，小桥流水人家"的意境时空。搜集满满一地的种子，赶紧回去种上一盆，盼呀，望呀，1周、两周、1个月、两个月，总算盼到那特有的螺旋叶片，左看，右瞧，单看小小的幼苗，实在难以与苍劲的古树联想在一起，什么时候才能看到小树苗长成大树？

　　大自然受造物主的巧妙安排，我们是大自然的一分子，出一份心力，先来育种将来的兰屿罗汉松林，有朝一日，说不定种子"小森林"还能提供复育的作用。

↑核果基部有1粒肉质种托，成熟种托为深紫色，可食用。1个种托1粒种子，偶有1个种托两粒种子的"双胞胎"。

■ **果实种子**：绿色椭圆形核果，被白粉，绿色核果即种子，长0.5～0.8厘米。
■ **捡拾地点**：北海岸石门至金山路段、台中市都会公园、高雄市都会公园，以及各地公园、校园、行道树旁。
■ **捡拾月份**：
1 2 3 4 5 6 7 8 9 10 11 12
■ **栽种期间**：全年，春、秋两季最佳。

↓罗汉松科的种子基部有一大个种托，易于辨识，兰屿罗汉松种托在果熟后呈深紫色。可搜集落果种植。

▶ Seed growth

| 5周 | 6周 | 7周 | 8周 |

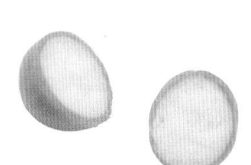

↑种子横切面。绿色种皮内是黄绿色种子，中心点胚轴明显。

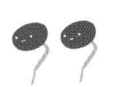

栽种难度:

栽种要诀: 新鲜种子易发芽可直接种, 长本叶后移至全日照、半日照的窗台边, 长势会较佳。种子可低温干藏, 置冰箱内可存放半年以上, 至春季再播种。

栽种步骤

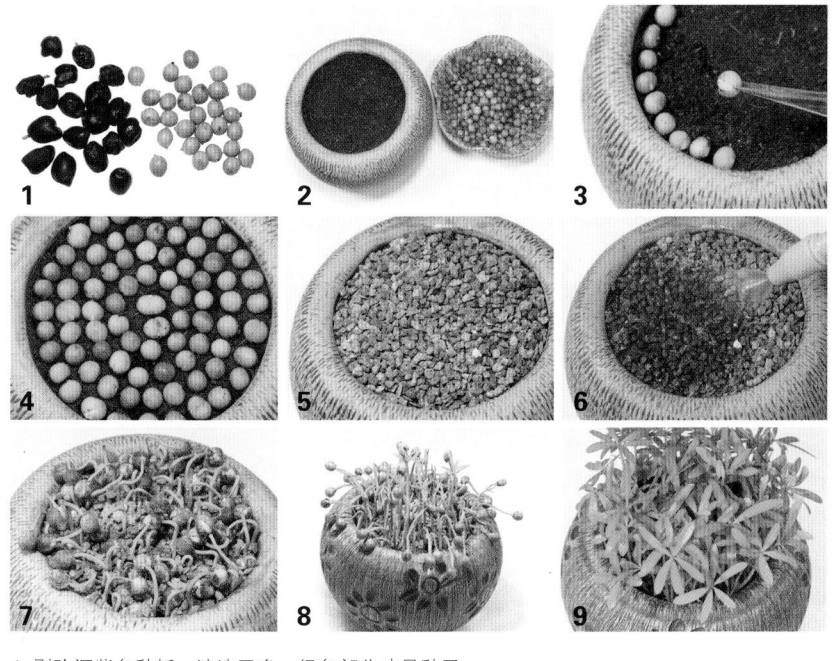

1 剥除深紫色种托, 清洗干净, 绿色部分才是种子。

2 种子最好泡水 1~3 天, 每天换水, 有开裂的种子应立即种植。

3 培养土置入盆约 8 分满。开裂处尖端为芽点, 朝下种植。

4 排列整齐、紧密, 间隔至多为 1 粒种子的大小, 预留根与叶的生长空间即可。

5 种子上覆盖麦饭石, 或其他碎石、彩石, 可遮光、加压。

6 两天喷水 1 次, 使种子保持充分湿润, 但切勿积水, 否则易发霉长虫。

7 大约第 5 周, 兰屿罗汉松根茎渐长, 种子被顶出麦饭石外, 种皮已干褐色。

8 约第 6 周, 弯曲的茎逐一挺立, 夹在子叶间的本叶开始伸展, 可小心摘除子叶和受感染或生长不佳的小苗。

9 约 8 周, 幼苗由浅绿色转深绿色, 长本叶后需增加浇水量。日照充足的话长势会较佳。1 年后可疏苗移株, 使植株强健。

柚子

云梦之柚

- **■科名**：芸香科
- **■学名**：*Citrus grandis* (Linn.) Osbeck
- **■英文名**：Shaddock
- **■别名**：文旦、白柚、香栾、朱栾。
- **■原产地**：印度，中南半岛。

植物解说　常有人说柚子圆、文旦尖，事实上文旦柚、麻豆文旦、白柚、葡萄柚、西施柚都是柚子的品种。台湾地区引进栽培柚子至今约 300 年，全台各地，尤其中南部栽培较多。《吕氏春秋》记载："果之美者……江浦（江苏省中部）之橘；云梦（湖北省东南部）之柚。"柚子至今仍被视为美味的水果，果熟期在中秋前后，加上黄绿色的果实大而圆，让人联想到皎洁的明月，是中秋应景水果。

柚子属阳性植物，性喜阳光充足、温暖的低海拔地区，叶子和果实比一般柑橘类大，是凤蝶类幼虫的最爱。农家常于白露前后 10 天采收熟果，存放 1 周才食用。

↑ 叶面浓绿有光泽，较其他柑橘类大而厚，长卵形，边缘有钝锯齿，近叶柄有小翼叶，"单生复叶"是其特征。

↑ 花期，3～4 月，聚伞花序，花白，色具香气，时见招来蜂蝶。

→ 常绿中乔木，树冠圆顶形，枝条粗大，带刺，生性强健，成株高度 7～8 米。

家附近有一片柚园，每逢春季，路经柚园闻到飘来的阵阵花香，总是不禁驻足多吸几口。还记得童年时将柚子皮戴在头顶玩耍，大人要小孩吃柚子杀肚子里的虫虫，中秋佳节全家分食柚子，月圆人团圆，点点滴滴的回忆，拉近了与大自然的距离，加深了家人的情感和凝聚力。

种子易于取得，但仍需耐心处理，经过一个月细心栽植，满满一盆柚子"小森林"，看起来心旷神怡，轻轻一拨叶片，油腺点释放的柚香扑鼻而来，犹如置身于芬多精的"森林"，深吸一口，满足了都市人渴望返璞归真的梦。

■ **果实种子**：黄绿色球形柑果，长 10～30 厘米，原生种内含长约 1 厘米的种子有百粒之多。
■ **捡拾地点**：各地柚子园、水果摊购买。
■ **捡拾月份**：
1 **2** 3 4 5 6 7 8 **9** **10** **11** **12**
■ **栽种期间**：春、秋、冬三季。

↓果实大，淡黄色或黄绿色，果皮具油脂，果形有球形、洋梨形、扁球形等，耐贮藏，采收后数个月仍可食用。

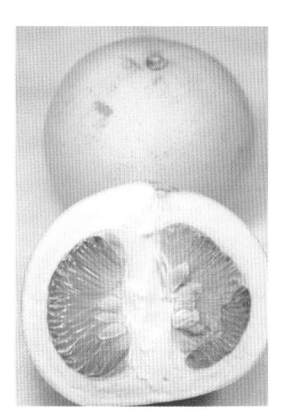

↑柚子果实纵切面。果皮厚，富有油脂。

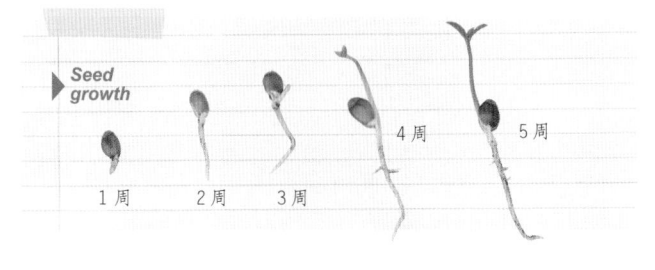

Seed growth

1 周　　2 周　　3 周　　4 周　　5 周

↑柚子种子，右为剥除种皮后的样子。

栽种难度：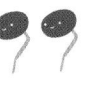

栽种要诀：老欉及改良品种的种子较少，可选白柚、西施柚等种子多的品种。剥除种皮后种植，发芽率较高，生长快，需1～2周。种子可置自封袋干藏。

栽种步骤

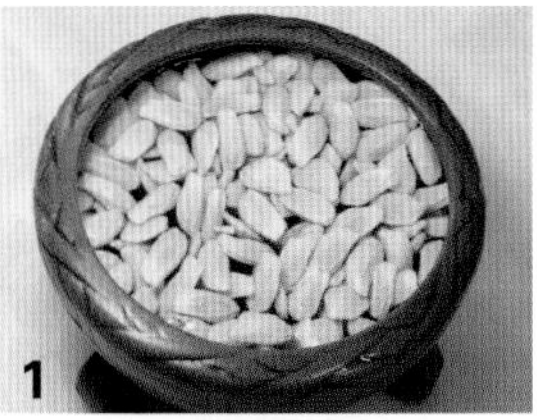

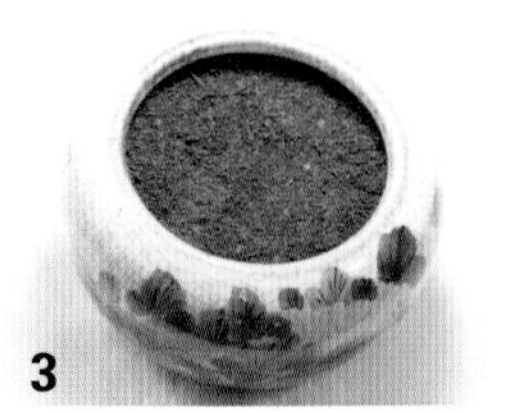

1 种子泡水约1周，种子会释放抑制生长的胶质，须每天搓洗换水。

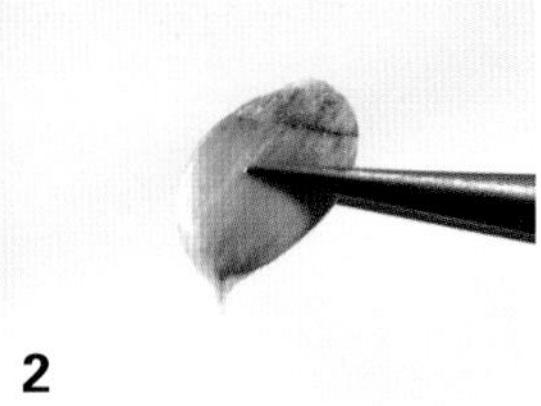

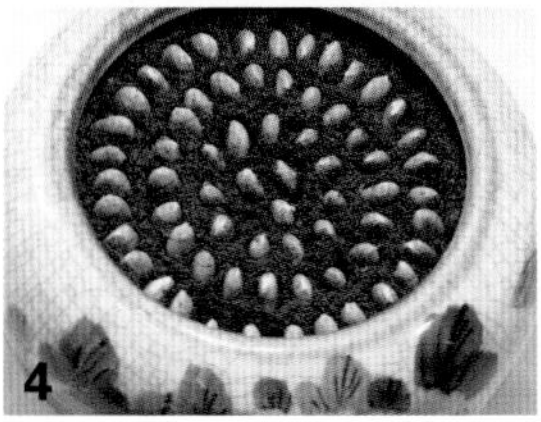

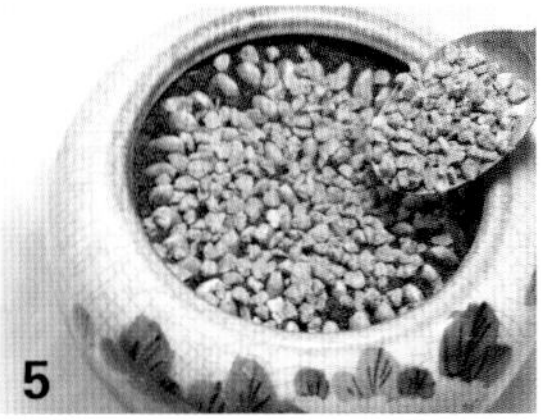

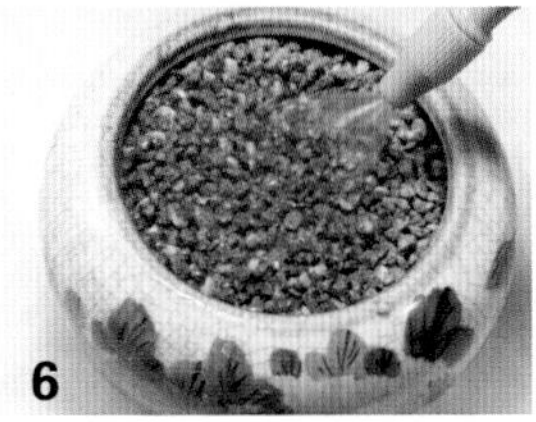

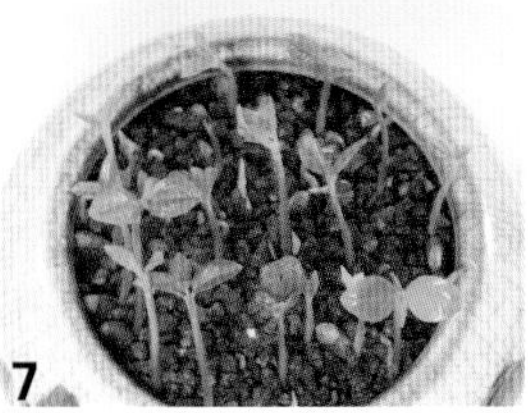

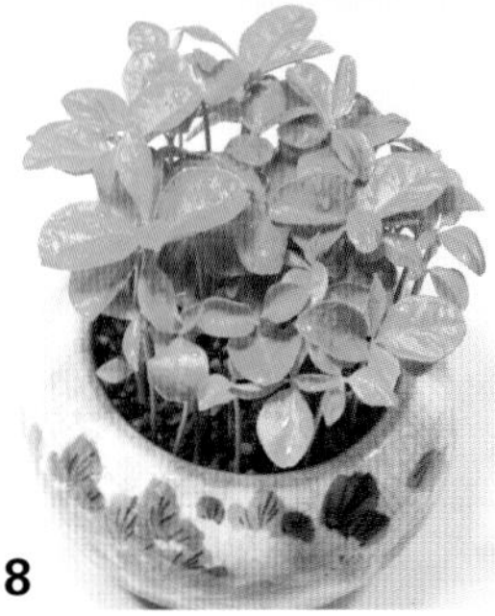

2 或剥除种皮泡水1日，尖端芽点明显。小心勿伤到芽点。

3 挑选适当盆器，培养土置入盆器约8分满。

4 种子芽点朝下种植，约按1粒种子的间距排列整齐。

5 在种子上覆盖麦饭石，或其他碎石、彩石。

6 两天喷水1次，使种子保持湿润，切勿积水。

7 大约第3周，嫩绿油亮的对称茎叶——探出展开，长茎叶后需增加浇水量。

8 6周完成，充足光照佳。须留意凤蝶妈妈的光顾，毛毛虫会将绿叶啃干净，剩下一枝枝"旗杆"。

台湾栾树

四色树　金雨落

■ **科名：** 无患子科
■ **学名：** *Koelreuteria henryi* Dummer
■ **英文名：** Taiwan Goldenrain Tree
■ **别名：** 台湾金雨树、台湾栾华、苦楝公、苦苓舅、拔仔鸡油、四色树。
■ **原产地：** 中国的台湾地区。

植物解说　台湾栾树为台湾地区原生特有的阔叶树，名列世界十大名木之一，未开花时与苦楝外形相似，有"苦楝舅"之称。黄花盛开时眺望，像金雨沾树梢，英文名即"台湾金雨树"，近花落结果期转为桃粉红色，不久蒴果干枯再转为褐色，同时间可观赏到绿、黄、红、褐的样子，所以又称为"四色树"。结果期，红姬缘椿象爬满枝头觅食，成群燕子又盘旋捕食椿象。入冬，为抵抗严寒它会抖落一切，剩下光秃秃的残干，等待翌春再萌发嫩红的新叶。

台湾栾树喜阳光充足的环境，生长快速，树姿优美，被广泛栽植为园景树、行道树，根部可药用，木材可制作板材。

↑ 花期，9～11月，顶生圆锥花序，花小多数，黄色，雌雄同株或杂性花。

↑ 二回羽状复叶，小叶 10～13 枚，对生或近似对生，纸质，边缘有浅锯齿。

→ 落叶中乔木，树高可达 15 米，小枝干密布皮孔，老树皮呈黑褐色，秋天花果同生甚美，有"四色树"之称。

秋冬，留意行道树中挂满黄花与红蒴果的树，那就是台湾栾树。秋末冬初，搜集一袋干蒴果，甩动拍打袋子，种子随即抖落在袋底。种子取得容易，保存也容易，若不急着播种，可将种子置冰箱内冷藏至初春，到时亲子同乐，大手小手一起动。种子发芽快、生长也快，满满一盆绿油油的，大人小孩成就感满溢。

采果时观看椿象躲在蒴果内吃种子，黄昏时分，燕群出动捕食椿象又返回巢哺喂着大口啾啾鸣叫的雏燕。带着正值好发问年纪的小儿，观察正在上演的食物链，学习一堂大自然里的生物课程，没有花费而且记忆深刻。

↑气囊状蒴果，膨大形似气球，内含的种子是红姬缘椿象的最爱。

■ **果实种子**：灯笼状蒴果，长约 2.5 厘米，果熟后颜色由粉红色转为褐色；内含长约 0.5 厘米球形黑褐色种子共 6 枚。

■ **捡拾地点**：台北市忠诚路、新北市八里左岸、台中市精诚路、高雄市民生路，以及各地公园、校园、行道树旁。

■ **捡拾月份**：
1 2 3 4 5 6 7 8 9 10 **11 12**

■ **栽种期间**：春、冬两季。

↓果期为 10 月～翌年 3 月。秋高气爽，晚开黄花与早熟红果同时挂树梢顶端，果熟如气球的蒴果乘风飘落，不少种子已被椿象吃了。

Seed growth

| 1 周 | 10 天 | 3 周 |

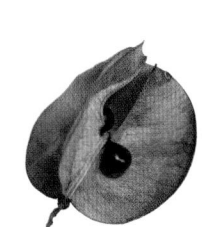

↑蒴果成熟后颜色由粉红色转为褐色，果瓣中肋裂开，由 3 瓣片合成，每瓣有两枚种子，易脱落。

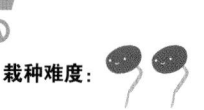

栽种难度：

栽种要诀：冬季种植至翌春发芽。盆栽需充足的日照。冬季绿叶落尽时应减少浇水量。种子耐干藏，可低温干藏至春天再播。

栽种步骤

1 洗净种子，淘汰浮在水面的种子。泡水浸润约1周。

2 培养土置入盆器约9分满，将种子平铺在盆土上。

3 种子上覆盖薄薄一层彩石，遮光、加压兼具美感。

4 两天喷水1次，种子保持充分湿润即可。

5 春天生长快速，大约1周即可见黄色子叶探出。

6 大约10天，新叶展开。

7 大约第3周，锯齿状浅绿色羽状复叶出现，种子盆栽非常茂盛。

8 入冬就可见绿叶黄化，摘除枯叶并疏苗，等待翌春再萌发新叶。

9 1年生的种子盆栽富有层次美，叶色多变。

蒲葵

葵扇摇曳　暑气消

■**科名**：棕榈科
■**学名**：*Livistona chinensis*
■**英文名**：Fan Palm
■**别名**：扇叶蒲葵、散叶蒲葵、木葵。
■**原产地**：中国台湾地区的龟山岛、华南，日本等。

植物解说　　在早期农业社会，蒲葵与农村生活密不可分，叶可编制蒲扇、笠帽还可葺屋，叶腋基部纤维可制作蓑衣、扫把、棕刷、绳索，中叶脉可做成牙签、扫帚，树干可做成伞柄、拐杖、屋柱，嫩芽可食用，叶、根、种子皆可药用。

　　棕榈科植物最具有南洋风情，炎炎夏日，迎风飘摇的蒲葵大扇叶可用来遮阴纳凉，当蒲葵的老叶脱落时，叶柄仍会相连在茎干上一段时间，直至老叶掉落，茎干上留下一圈圈的叶痕，这是大叶植物的特征。由于台湾地区环境气候适宜，它已成为常见的庭园树与行道树。

↑单叶顶端丛生，叶大呈掌状深裂，叶柄具刺，总长1～2米。

↑晚春初夏开花，雌雄同株，肉穗花序，花轴长，乳黄色小花密生。

→ 常绿乔木，树干笔直不分枝，成株高度为10～15米。

栽种
笔记 　　初种蒲葵的种子盆栽，看那从种子芽点
探出的弯弯曲曲的白色根，很容易让人联想到
"脐带"，"脐带"的另一头，正待成长的幼苗将如何破土
而出呢？种子既提供养分给"嗷嗷待哺"的幼苗直到功成身
退，同时它也是幼苗的前身，虽然无法完全猜想造物主的一
切用意，但每当看到饶富变化的种子，以及想到那不可预测
的发芽与栽种过程，总是会增添许多兴味。

　　种子催芽的心情就像是在"孵蛋"，看到抢先发芽的种
子，急着探出枝叶，明明知道并非每一粒种子都能够有百分
百的发芽率，但还是满怀着希望与期待。

↑ 蒲葵黑褐色的椭圆形核果，
果实内含种子 1 粒。

■ **果实种子**：椭圆形核果，
　果熟后颜色由浅黄色转黑
　褐色，直径约长 1.5 厘米，
　内含 1 粒褐色种子。
■ **捡拾地点**：台北市仁爱路、
　中央北路，新北市八里左
　岸，台中市公园，高雄市
　民权路，以及各地公园、
　校园、行道树旁。
■ **捡拾月份**：
　1 2 3 4 5 6 7 8 9 10 11 12
■ **栽种期间**：春、冬两季。

↓ 果实成熟呈黑褐色，可搜集落果种植。

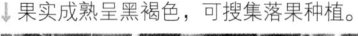

↑ 蒲葵果实纵切面、横切面，
胚轴明显。

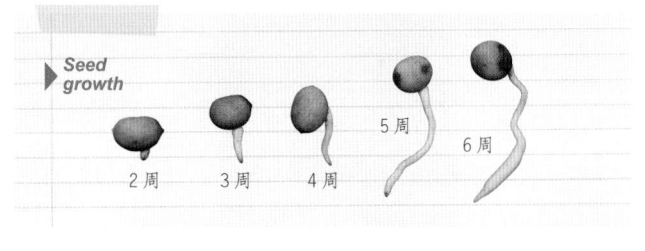

**Seed
growth**

2 周　　3 周　　4 周　　5 周　　6 周

栽种难度：

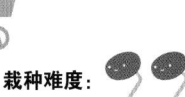

栽种要诀： 种子可泡水后置自封袋内层积，发芽成功率高。土培发芽生长快，用无孔盆器，保持高湿度较易栽种成功。种子置网袋内阴干可存放约半年。

栽种步骤

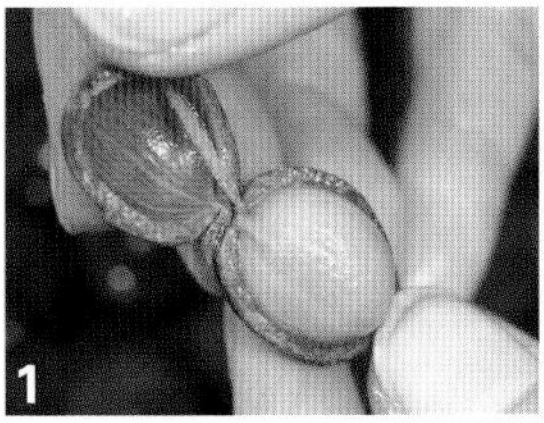
1

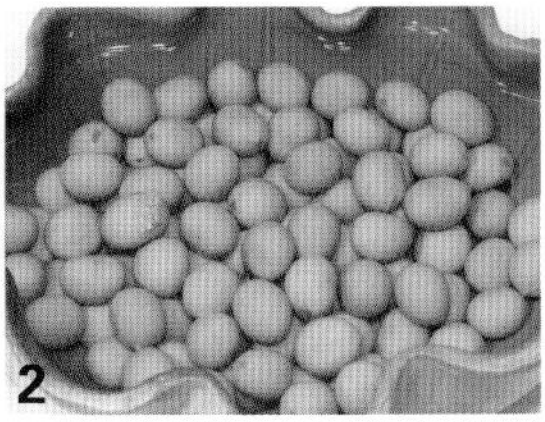
2

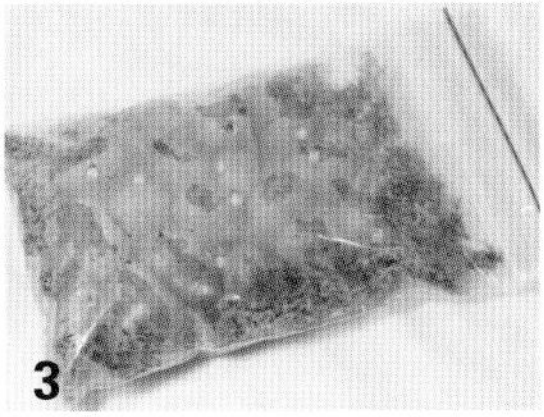
3

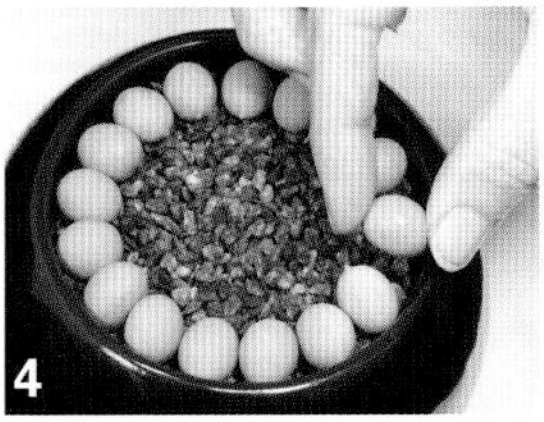
4

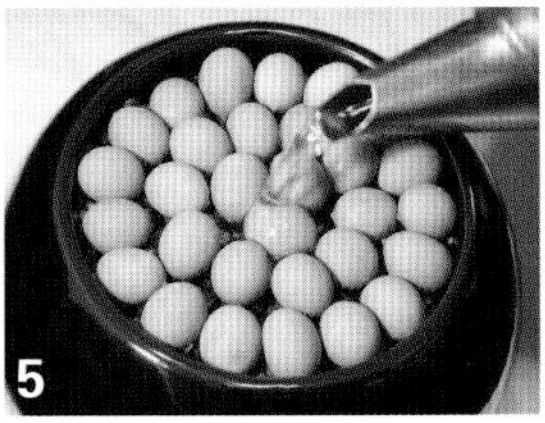
5

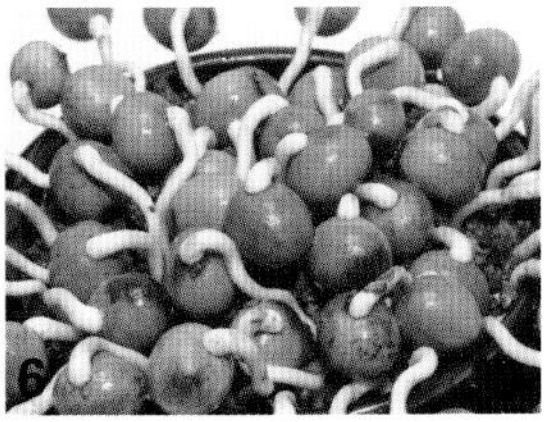
6

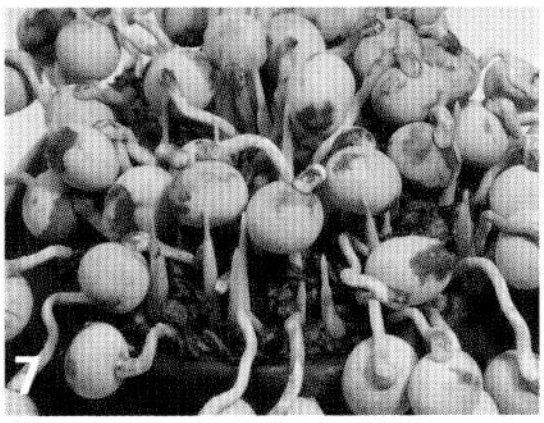
7

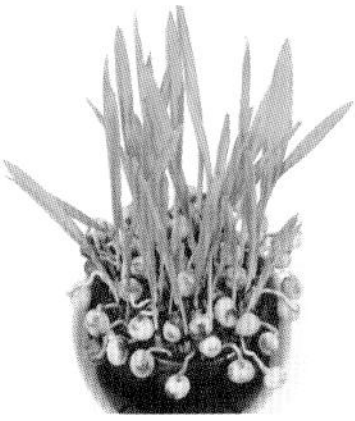
8

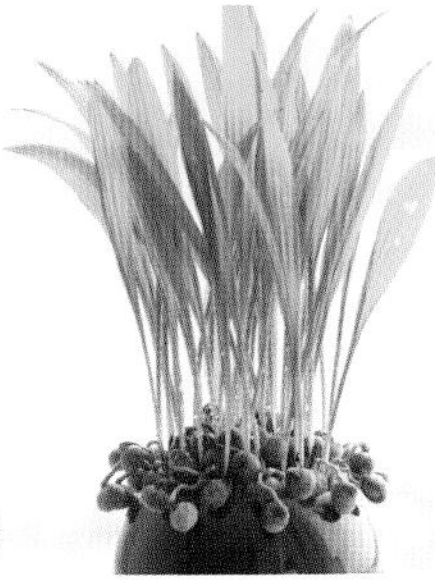
9

1 剥除果皮，清洗干净。种子泡水浸润，每天换水。

2 浸泡 1~2 周即可。

3 种子置自封袋内闷出根芽。

4 水培可用麦饭石或彩石、水晶土，置入盆器约 8 分满，种子芽点朝下平放。

5 注满水，隔天给水 1 次，保持充分湿润。挺像在“孵蛋”吧!

6 大约 6 周，可见到根芽渐长。挑选合适种子移植，垂挂盆缘可增添趣味。

7 大约 8 周，一株株坚挺细长的青绿幼苗从膨大的根部向上探出。

8 大约第 10 周，折扇状叶片一一伸展。

9 蒲葵为阳性植物，适合日照与水分充足的环境。它的种子盆栽土培、水培皆宜。

图书在版编目（CIP）数据

DIY 种子盆栽/绿摩豆，黄照阳著 .—武汉：华中科技大学出版社，2016.4
ISBN 978-7-5680-0815-0

Ⅰ.①D… Ⅱ.①绿…②黄… Ⅲ.①盆栽-观赏园艺 Ⅳ.①S68

中国版本图书馆 CIP 数据核字（2015）第 083714 号

湖北省版权局著作权合同登记　图字：17-2015-148号

DIY 种子盆栽
DIY Zhongzi Penzai

绿摩豆　黄照阳　著

策划编辑：白　雪
责任编辑：卫　星
装帧设计：观岚文化·伊宁
责任校对：九万里文字工作室
责任监印：周治超
出版发行：华中科技大学出版社（中国·武汉）
　　　　　　武汉喻家山　邮编：430074 电话：(027) 81321913
录　　排：北京楠竹文化发展有限公司
印　　刷：北京科信印刷有限公司
开　　本：880mm×1230mm　1/32
印　　张：6.5
字　　数：169 千字
版　　次：2016 年 4 月第 1 版第 1 次印刷
定　　价：38.00 元